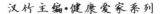

汉竹主编·健康爱家系列

多肉肉多
（手绘升级版）

王意成/编著

汉竹图书微博
http://weibo.com/hanzhutushu

江苏凤凰科学技术出版社
全国百佳图书出版单位

肉肉你好，
爱你，就不让你哭，
因为我是
easy多肉控。

导 读

畅销4年，数次加印，五星好评，百万粉丝念念不忘……

继《多肉肉多》之后，"花样爷爷"王意成实力回归！专业的多肉图鉴，萌萌的多肉手绘，带你邂逅美妙的多肉世界。

本书所有多肉按照热销量排序，共收录近300种高颜值、网红多肉，熊童子、山地玫瑰、艾伦、生石花……一定能有一款抓住你的心。每种多肉都有形貌介绍，参考价格，让你货比三家。你完全可以按照自己的喜好，尽情选择。

每种多肉都有个性养护，并以图标表示日照、浇水，无需思考，跟着做就好。还有度夏、过冬全提醒，多肉四季更舒服；多肉遇到虫病害、大肉生小肉，统统不用烦恼……一步一步教你成为多肉达人！

人气插画师倾情打造多肉手绘盛宴，结合彩铅与水彩，融合清新与写实，为爱踏上追寻多肉之旅。娇艳的吉娃莲、晶莹的玉露，跃然纸上。

当多肉遇上手绘，让你在文艺时光中，静谧享受那份唯美。

目录 contents

第一章 盘点新人入坑的普货多肉

马库斯

第二章 求教多肉芳名

景天科 Crassulaceae

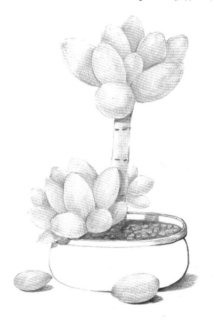

婴儿手指

风车草属 Graptopetalum | 56

银波锦属 Cotyledon | 60

莲花掌属 Aeonium | 64

薄雪万年草

伽蓝菜属 Kalanchoe | 68

青锁龙属 Crassula | 74

观音莲

番杏科 Aizoaceae

劳尔

百合科 Liliaceae

蒂亚

初恋

第三章 做合格的多肉家长

欢迎"新成员"

养活、养好、养出色

"花样爷爷"的多肉笔记

附录

生石花属

第一章

盘点新人入坑的普货多肉*

"普货多肉"是指比较常见，养殖、繁殖都比较容易的多肉。

多肉界的"小仙女"

桃之卵

Graptopetalum amethystinum

入手理由:日照充足时会呈现出令人沉醉的粉红色,卵形的叶,如同熟透的桃子一般,因此得名。

景天科 风车草属

 入坑价: 5-10元/件

注:入坑价为裸根不带土的价格,仅供多肉爱好者参考。

冬型种

习性:喜温暖、干燥和阳光充足的环境。
特征:常绿亚灌木。
原产地:墨西哥。
叶:肉质肥厚,匙形,粉绿色,表面被白霜,秋季转粉红色,有蜡质光泽。
花:总状花序,花钟状,浅红色。

个性养护

春秋季生长期每2周浇水1次,可大水浇灌,保证土壤透水、透气。老桩不耐水湿,浇水时注意盆土不要积水。夏季高温短暂休眠,建议不断水,适当遮阴,以免叶片晒伤。冬季搬进室内向阳处,室温维持在8℃以上最好。

🌸**开花:**春 ☀️**日照:**全日照 💧**水:**耐干旱

🌿**繁殖:**叶插、砍头 ⚫**病虫害:**较少

景天科 银波锦属

熊童子

Cotyledon tomentosa

入手理由: 毛茸茸的外形,如同小熊掌一般,翠绿可爱,新奇别致,是目前市面上比较受欢迎的多肉品种。

💰 **入坑价:** 4~8元/件

中间型种

习性: 喜凉爽、干燥和阳光充足的环境。

特征: 多年生肉质草本。

原产地: 南非。

叶: 倒卵球形,叶厚,灰绿色,长5厘米,密生细短白毛,顶端叶缘具缺刻。

花: 圆锥花序,长20厘米,花筒状,下垂,红色,具长而下弯的浅裂。

个性养护

生长期每2周浇水1次,保持盆土稍湿润。夏季高温时向植株周围喷雾。冬季进入休眠期,盆土保持干燥。每月施肥1次。每年春季换盆。株高15厘米时,需摘心,促使分枝。当植株生长过高时需修剪,压低株形。4~5年后应重新扦插更新。

🌼 **开花:** 夏秋　　☀ **日照:** 全日照　　💧 **水:** 耐干旱

🌿 **繁殖:** 扦插、播种　　🐞 **病虫害:** 叶斑病、介壳虫

虹之玉

Sedum rubrotinctum

入手理由：虹之玉是最容易养活、养好、养出色的多肉品种之一，不仅十分耐寒、耐晒、耐干旱，而且极易繁殖，几个月的时间就可以爆盆。

 入坑价：2~4元/件

景天科 景天属

冬型种

习性：喜温暖和阳光充足的环境。
特征：常绿亚灌木。
原产地：墨西哥。
叶：倒长卵圆形，似翡翠耳坠，中绿色，顶端淡红褐色。
花：淡黄色，极少开花。

个性养护

秋季是虹之玉变色的季节，摆放在阳光充足处，充足日照会使虹之玉整株从全绿变红。春秋季生长速度快，老桩易长气生根，每2周浇水1次，盆土保持湿润，过湿易徒长。夏季高温短暂休眠，应减少浇水，适当遮阴，但遮阴时间不宜过长，否则易倒伏。冬季搬进室内，室温维持在10℃最好，每月浇水1次，盆土保持稍干燥。

🌼 **开花：**冬　☀️ **日照：**全日照　💧 **水：**耐干旱
🌸 **繁殖：**叶插、砍头　🦠 **病虫害：**叶斑病、黑腐病

山地玫瑰

Aeonium aureum

入手理由: 山地玫瑰是非常容易群生的品种,其外形酷似一朵含苞欲放的玫瑰,清丽雅致的气质,使其成为近年来颇受欢迎的热门多肉植物之一。

景天科 莲花掌属

入坑价: 5~8元/件

夏型种

习性: 喜凉爽、干燥和阳光充足的环境。
特征: 多年生常绿草本。
原产地: 加那利群岛。
叶: 互生,长卵圆形至近球形,呈莲座状紧密排列,浅绿色至深绿色。
花: 总状花序,花黄色。

个性养护

春季露养每日要保证10小时左右的光照时间,浇水要循序渐进。夏季高温进入休眠,外围叶子会枯萎,中心叶子萎缩呈玫瑰状。休眠期应加强通风、控制浇水;同时要采取遮阴、避雨措施,以免引起植株腐烂。秋季生长旺盛,每月施薄肥1次。

开花: 春夏 **日照:** 明亮光照 **水:** 耐干旱

繁殖: 播种、分株 **病虫害:** 较少

雪莲

Echeveria laui

入手理由: 曾经的贵货小仙女,随着多肉爱好者不懈努力地繁殖,已基本跌入普货行列。温差大的情况下,雪莲很容易出状态,透出一种粉粉的仙气儿。

💰 **入坑价: 10~15元/件**

景天科 石莲花属

夏型种

习性: 喜凉爽、干燥、阳光充足与昼夜温差较大的环境。

特征: 多年生肉质草本。

原产地: 墨西哥。

叶: 圆匙形,肥厚,长2~3厘米,宽1~1.5厘米,淡红色,布满白粉,呈莲座状排列。

花: 总状花序,长20厘米,花卵球形,淡红白色。

个性养护

空气干燥时向盆器周围喷雾,不要向叶面喷水,更不能用手触摸叶面,否则指纹留下,难以消除。夏季高温时生长缓慢或完全停滞,可放在通风良好、无直射阳光处养护,节制浇水,勿施肥,防止因闷热、潮湿而造成植株腐烂。

🌼 **开花:** 春夏　☀ **日照:** 全日照　💧 **水:** 耐干旱

🌸 **繁殖:** 砍头、播种、叶插　● **病虫害:** 黑腐病

景天科 伽蓝菜属

长寿花

Kalanchoe blossfeldiana

入手理由：因其名字吉祥好听，花色丰富鲜艳，打理起来相对容易，且花期可长达2~3个月，深受广大花友们的喜爱。

💰 **入坑价：** 8-15元/件

夏型种

习性：喜温暖、稍湿润和阳光充足的环境。
特征：多年生肉质草本。
原产地：马达加斯加。
叶：对生，长圆状匙形，深绿色。
花：圆锥状聚伞花序，有绯红、桃红、橙红、黄、橙黄和白色等。

个性养护

生长期每周浇水1~2次，盆土不宜过湿。盛夏要控制浇水，注意通风。若高温多湿，叶片易枯黄脱落。生长期每半月施肥1次，用腐熟饼肥水。秋季形成花芽，应补施1~2次磷钾肥。花谢后及时剪除残花，有利于继续开花。

🌼 **开花：** 冬春　☀ **日照：** 全日照　💧 **水：** 耐干旱

🌸 **繁殖：** 扦插　● **病虫害：** 叶斑病、介壳虫

初恋

Echeveria 'Huthspinke'

景天科 石莲花属

入手理由：阳光充足的情况下，颜色会慢慢变成粉红，最后会变成紫红，宛如陷入初恋的少男少女一样！

 入坑价：2~8元/件

夏型种

习性：喜通风和阳光充足的环境。
特征：多年生肉质草本。
原产地：栽培品种。
叶：匙形，肉质，呈松散莲座状，中绿色。
花：聚伞花序，花浅红色。

个性养护

生长期每周浇水1次，盆土切忌过湿。冬季只需浇水1~2次，盆土保持干燥。每月施肥1次，用稀释饼肥水。摆放于阳光充足处和温差较大处，叶片容易变红。可水培栽培，剪取一段顶茎，插于河沙中，待长出白色新根后再水培。春季和秋季水中加营养液，夏季和冬季用清水即可。

✿ **开花：**春夏　☀ **日照：**全日照　💧 **水：**耐干旱
❀ **繁殖：**叶插　● **病虫害：**锈病、介壳虫

吉娃莲

Echeveria chihuahuaensis

入手理由: 吉娃莲是非常经典的多肉品种,常被称为 "吉娃娃",它叶尖的一抹红色,如同娃娃的脸庞,稚嫩可爱。

景天科 石莲花属

 入坑价: 2-7元/件

中间型种

习性: 喜温暖、干燥和阳光充足的环境。
特征: 多年生肉质草本。
原产地: 墨西哥。
叶: 宽匙形,排列成莲座状,蓝绿色,被白霜,先端急尖。
花: 聚伞花序,钟形,红色。

个性养护

生长期需要充足光照,光照充足时叶顶端小尖呈玫瑰红或深粉红色,并且叶片排列紧实。每2周浇水1次,夏天要严格控水并适当遮阴,浇水过多会容易腐烂。其生长缓慢,但土壤不宜过肥。植株虽较耐寒,仍需摆放温暖、阳光充足处过冬。

🌼 **开花:** 春夏　☀ **日照:** 明亮光照　💧 **水:** 耐干旱

🌸 **繁殖:** 叶插　● **病虫害:** 锈病

姬星美人

Sedum dasyphyllum

入手理由: 姬星美人是非常袖珍的多肉品种,翡翠般的深绿色细小叶片,非常适合用于多肉拼盘做点缀。

 入坑价: 3~6元/件

景天科 景天属

夏型种

习性:喜温暖、干燥和阳光充足的环境。
特征:多年生肉质草本。
原产地:西亚和北非。
叶:卵圆形,绿色,呈莲座状排列。
花:聚伞花序,粉白色。

个性养护

生长期适度浇水,盆土保持稍湿润。夏季处于半休眠状态,盆土保持稍干燥。冬季浇水根据室温高低而定,低于10℃基本停止浇水。秋季天气稍微凉爽时可施肥1~2次,但要控制施肥量,避免植株徒长,引起茎部伸展过快和叶片柔弱。在光照充足、温差较大的春秋季,叶片呈粉色。2~3年后需重新扦插更新。

❀ **开花:** 春　☀ **日照:** 全日照　◇ **水:** 耐干旱

❀ **繁殖:** 叶插　● **病虫害:** 炭疽病

景天科 景天属

乙女心

Sedum pachyphyllum

入手理由: 萌萌的乙女心,第一眼看见就触动了少女心,那粉嫩的叶片,就是多肉界的一位动人"少女"。

💰 **入坑价:** 5~8元/件

夏型种

习性:喜温暖、干燥和阳光充足的环境。
特征:灌木状肉质植物。
原产地:墨西哥。
叶:长卵圆形至长圆形,肉质,呈莲座状,亮绿色。
花:花小,黄色。

个性养护

乙女心需要充足的光照才会叶色艳丽,株型才会矮小不徒长,夏季需要注意适当遮阴。换盆后浇水不宜过多,夏季进入休眠期必须控制浇水甚至停止浇水,冬季气温在0℃以下时要断水,否则会冻伤,盆土保持稍湿润为宜。

🌼 **开花:** 春　☀ **日照:** 全日照　💧 **水:** 耐干旱

🌸 **繁殖:** 叶插　● **病虫害:** 炭疽病

蓝石莲

Echeveria peacockii

入手理由: 又名皮氏石莲,真的是比较皮实的品种,很适合新人!当然养护高手也能展现实力,将蓝灰色的叶片养出粉嫩的颜色。

💰 **入坑价:** 4-9元/件

景天科 石莲花属

夏型种

习性: 喜温暖、干燥和阳光充足的环境。

特征: 灌木状肉质植物。

原产地: 墨西哥。

叶: 匙形,呈莲座状排列,全缘,尖顶,老叶绿色,新叶灰绿色。

花: 聚伞花序,花粉红色或浅橙色。

个性养护

每年春季换盆。生长期每周浇水1次,盆土切忌过湿。冬季只需浇水1~2次,盆土保持干燥。空气干燥时,不要向叶面喷水,只能向盆器周围喷雾,以免叶丛中积水导致腐烂。生长期每月施肥1次,肥液切忌沾污叶面。可以用水培栽培,剪取一段顶茎,插于河沙中,待长出白色新根后再水培。

🌼 **开花:** 夏　☀ **日照:** 全日照　💧 **水:** 耐干旱

🌸 **繁殖:** 扦插、分株　⚫ **病虫害:** 锈病

景天科 厚叶草属

桃美人

Pachyphytum 'Momobijin'

入手理由:桃美人是最经典的美人系多肉品种之一,其粉嫩的肉质叶犹如桃子一般可爱肥厚。同时桃美人的花也非常有中国古代美人的特点。

💰 **入坑价:** 3-10 元/件

冬型种

习性:喜温暖、干燥和阳光充足的环境。

特征:灌木状肉质植物。

原产地:墨西哥。

叶:匙形,肉质,肥厚,青绿色,被白粉,秋季转粉红色。

花:总状花序,花钟形,串状排列,红色。

个性养护

栽培容易,适应性强。盆土不宜过湿,干透浇水,水分太足的时候或者换季浇水太多,叶片容易脱落。夏季注意通风,控水,维持根系不会干枯即可,防止徒长,烂叶。冬季气温维持在零下3℃以上即可安全过冬,盆土保持稍干燥,以免开春出现烂根现象。

🌼 **开花:** 夏　☀ **日照:** 全日照　💧 **水:** 耐干旱

🌸 **繁殖:** 枝插、叶插　⚫ **病虫害:** 较少

红宝石

Sedeveria 'Pink Ruby'

景天科 属间杂交属

入手理由： 在阳光下，整个植株看上去红彤彤的，犹如一颗红色的宝石，被称为"红宝石"；名字听起高大上，养起来却不用费心。

 入坑价： 8-15元/件

夏型种

习性： 喜温暖、干燥和阳光充足的环境。
特征： 灌木状肉质植物。
原产地： 栽培品种。
叶： 细长匙状，叶前端肥厚、斜尖，呈莲座状紧密排列，整体饱满紧凑，叶片非常光滑。其颜色在春秋季变得红艳动人。
花： 花小，黄色。

个性养护

用疏松、排水要良好的砂质壤土作培养土。适量浇水，加强通风，保持冷凉的状态。冬季放在室内越冬，温度一般不低于10℃，应控制浇水，保持盆土稍干燥。必要时放置在向阳的场所。

开花： 春 **日照：** 全日照 **水：** 耐干旱

繁殖： 分株、叶插 **病虫害：** 介壳虫、煤烟病

艾伦

Graptopetalum 'Ellen'

入手理由：非常萌的艾伦，状态好时常常和桃之卵傻傻地分不清楚，但是细看艾伦叶片较扁平。非常皮实，价格实惠。

景天科 风车草属

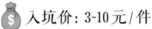

💰 **入坑价：3-10元/件**

中间型种

习性：喜温暖、干燥和阳光充足的环境。
特征：灌木状肉质植物。
原产地：墨西哥。
叶：肉质，长卵圆形，灰绿色，状态好时，叶色呈粉红色。表面覆盖着一层薄薄的白粉，叶丛呈莲座状排列。
花：钟形，外部粉红色，内部为橙黄色，串状排列着。

个性养护

春秋季生长期需要充足的阳光，夏季气温达到35℃左右就要适当遮阴，尽量避免长时间雨淋和曝晒。冬季要放置在阳光充足的地方养护，对水分要求不高，春夏季每周浇水1次，秋冬季盆土保持干燥。

🌼 **开花：**夏　☀️ **日照：**全日照　💧 **水：**耐干旱

🌸 **繁殖：**扦插、叶插　🌰 **病虫害：**较少

观音莲

Sempervivum tectorum

入手理由： 好养活不费事，在"小清新""文艺范"大行其道的时代，观音莲深得文艺青年的喜爱。

💰 **入坑价：** 3~5元/件

景天科 长生草属

冬种型

习性： 喜凉爽、干燥和阳光充足的环境。

特征： 多年生肉质草本。

原产地： 欧洲山区。

叶： 呈莲座状排列，扁平细长，前端急尖，叶缘有小茸毛。

花： 小花星状，粉红色。

个性养护

春秋生长期要控制浇水频率，不喜大水，避免淋雨；防止土壤长期过湿，以免植株腐烂。夏季气温达到30℃就需要遮阴，其他季节尽可能全日照；光照不足，植株易徒长，影响观赏。冬季耐寒能力较强，保持盆土干燥，0℃以上即可安全过冬。

🌼 **开花：** 春　☀ **日照：** 全日照　💧 **水：** 耐干旱

🌸 **繁殖：** 分株　● **病虫害：** 黑腐病

蒂亚

Sedeveria 'Letizia'

入手理由：如出水芙蓉般美丽动人，而经受秋冬露养后，它又热情如火，叶尖沁红，犹如绿色火焰，这大概就是它别名"绿焰"的由来。

 入坑价：6~8元/件

景天科 属间杂交属

冬型种

习性：喜通风、干燥和阳光充足的环境。

特征：多年生肉质草本。

原产地：栽培品种。

叶：肥厚，肉质，呈楔形，叶缘和叶尖呈粉红色，有短小密集的小齿，呈莲座状排列。

花：黄色，钟形。

个性养护

室内养护需要阳光充足、通风良好的环境，夏季高温时应注意遮阴。对水分要求不高，盆土要干透浇透，生长期可以充分浇水，夏冬季短暂休眠期要减少浇水。在秋冬季时，当早晚温差达到10~15℃时，能养出蒂亚的最佳状态。

☀ **开花：**春　☀ **日照：**全日照　◇ **水：**耐干旱

❀ **繁殖：**叶插、砍头　● **病虫害：**较少

马库斯

Sedeveria 'Markus'

入手理由： 马库斯非常好养，特别适合新人练手，养活不费力；稍加用心栽培，就可以养出通透、橙色的好状态。

 💰 **入坑价：** 5~9元/件

景天科 属间杂交属

冬型种

习性： 喜温暖、干燥和通风、阳光充足的环境。

特征： 多年生肉质草本。

原产地： 栽培品种。

叶： 匙形，肉质，植株呈莲座状，叶面粉绿色，被白粉，全缘，椭圆顶，小尖，粉色，叶缘有红细边。

花： 花小，黄色。

个性养护

夏季气温达到35℃左右就要采取通风、遮阴措施。生长期保持盆土湿润即可，每月浇水3次左右，避免长时间淋雨，浇水太过频繁会让茎秆徒长，株形不够紧凑。冬季可以不浇水，保持盆土干燥即可安全过冬。马库斯容易掉叶，平时养护注意不要碰掉叶片。

🌼 **开花：** 春　☀️ **日照：** 全日照　💧 **水：** 耐干旱

🌷 **繁殖：** 叶插、扦插、分株　⚫ **病虫害：** 较少

景天科 景天属

薄雪万年草

Sedum hispanicum

入手理由：是组合多肉的首选，超级容易养活；单独养也是很漂亮，多晒晒太阳，整株都会变成粉色。

💰 **入坑价：** 3~5元/件

夏型种

习性：喜温暖、干燥和阳光充足的环境。
特征：多年生肉质草本。
原产地：南亚至中亚。
叶：卵圆形，绿色，呈莲座状排列。
花：聚伞花序，粉白色。

个性养护

每年春季换盆时，对生长过密植株进行疏剪，栽培2~3年后需重新扦插更新。生长期盆土保持稍湿润。夏季处于半休眠状态，盆土保持稍干燥。冬季浇水根据室温高低而定。全年施肥2~3次，用稀释饼肥水，过多施肥会造成叶片疏散、柔软，姿态欠佳。秋季在光照充足和温差大时，叶片转变为粉红色。

🌼 **开花：**春　☀️ **日照：**全日照　💧 **水：**耐干旱

🌸 **繁殖：**扦插　⚫ **病虫害：**白绢病、介壳虫

婴儿手指

Sedum 'Baby Finger'

入手理由： 娇小可爱的多肉品种，肉乎乎的叶片如新生婴儿粉嫩的小手，牢牢抓住你的心，十分惹人喜爱。

景天科 景天属

入坑价： 5~15元/件

中间型种

习性： 喜温暖、干燥和阳光充足的环境。
特征： 多年生肉质草本。
原产地： 墨西哥。
叶： 圆柱形，嫩粉色。
花： 花小，黄色。

个性养护

春秋季盆土要干透浇透，有利于根系的生长。婴儿手指不耐高温，夏季高温要注意适当遮阴、加强通风并控制浇水，但遮阴时间不宜过长，以免叶色变暗，影响观赏。冬季要保持室温在5℃以上，尽量少浇水，保证适当的光照，才能避免冻伤，安全过冬。

开花： 夏 **日照：** 全日照 **水：** 耐干旱

繁殖： 扦插、叶插 **病虫害：** 较少

静夜

Echeveria derenbergii

入手理由: 清新的叶色和红色的叶尖非常受欢迎,状态好时宛如一个带红尖的"小包子",非常萌。

景天科 石莲花属

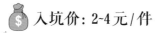 **入坑价:** 2~4元/件

中间型种

习性:喜凉爽、干燥和阳光充足的环境。
特征:多年生肉质草本。
原产地:墨西哥。
叶:倒卵形或楔形,肉质,肥厚,被白粉,长4厘米,呈莲座状排列,叶尖和叶边具红色。
花:总状花序,长10厘米;钟状,黄色,花径1.5厘米。

个性养护

静夜需水量较少,生长期浇水可以少量多次,不能大水。浇水时还要注意水不能浇到叶心,以免叶心积水,导致腐烂。夏季高温时,应放置在通风良好的位置,并减少浇水以防黑腐病。注意遮阴,切忌暴晒,否则会被晒死。冬季室温只要保持在0℃以上,即可安全过冬。

开花: 夏　**日照:** 全日照　**水:** 耐干旱

繁殖: 砍头、叶插、分株　**病虫害:** 黑腐病

黄丽

Sedum adolphi

入手理由: 入门级的萌新养护多肉品种,生命力十分顽强,实惠皮实。养活容易,养好可是技术活。

💰 **入坑价:** 1~4元/件

景天科 景天属

冬型种

习性:喜温暖、干燥和阳光充足的环境。
特征:多年生肉质草本。
原产地:墨西哥。
叶:匙形,排列成莲座状,叶表黄绿色,末端有红晕。
花:花小,红黄色。

个性养护

春秋季在适宜的光照和较大的温差下,叶片呈亮黄色,甚至叶尖出现淡红色。生长期适度浇水,冬季每月浇水1次,保持盆土稍湿润。夏季高温时处半休眠状态,强光时须遮阴,防止暴晒。此时应保持盆土略干燥。每月施肥1次。多年生长的老株可作造型盆栽。

🌼 **开花:** 夏　☀ **日照:** 全日照　💧 **水:** 耐干旱

🌿 **繁殖:** 扦插、叶插、分株　🐚 **病虫害:** 白绢病、介壳虫

景天科 风车草属

姬胧月

Graptopetalum paraguayense 'Bronze'

入手理由: 是入门级的多肉品种, 容易养护, 号称"叶插成功率百分百"的姬胧月, 不经意间就能爆盆。

💰 **入坑价:** 2-4元/件

中间型种

习性: 喜温暖、干燥和阳光充足的环境。

特征: 多年生肉质草本。

原产地: 墨西哥。

叶: 匙形至卵状披针形, 被有白霜, 呈莲座状。平时绿色, 日照充足时叶色朱红带褐色, 叶呈瓜子形, 叶先端较尖。

花: 花小, 黄色, 星状, 花瓣被蜡。

个性养护

春秋季浇水不宜太勤, 否则会让茎秆徒长, 同时注意浇水时水不能浇到叶面, 否则会留下难看的斑痕, 切忌盆土积水。生长期需要充足光照, 但夏季中午需要遮阴。冬季要放置在室内温暖、阳光充足的地方, 保持盆土干燥, 0℃以下要断水, 否则根系容易冻伤。

🌼 **开花:** 春　☀ **日照:** 全日照　💧 **水:** 耐干旱

🌸 **繁殖:** 叶插、砍头　🦔 **病虫害:** 较少

火祭

Crassula capitella 'Campfire'

景天科 青锁龙属

入手理由: 中国红的火祭,对于新人来说,是一种不用刻意培养,都能红得很漂亮的多肉。

 入坑价: 6~10元/件

夏型种

习性:喜温暖、干燥和半阴的环境。
特征:多年生匍匐性肉质草本。
原产地:栽培品种。
叶:叶片对生,卵圆形至线状披针形,排列紧密,灰绿色,夏季在冷凉、强光下,叶片转红色。
花:星状,白色。

个性养护

生长期每周浇水1次,保持土壤稍湿润即可。盆土过湿,茎节伸长,影响植株造型。冬季处于半休眠状态,盆土保持干燥。每月施肥1次,但冬季不施肥。可水培,春季剪取长10~15厘米的枝条,插于水中或沙中,2~3周生根后转入玻璃瓶中培养,注意水位不要过茎。由于肉质叶簇生枝顶,在玻璃瓶中注意固定,防止倾倒。

开花: 夏 **日照:** 稍耐阴 **水:** 耐干旱
繁殖: 叶插 **病虫害:** 炭疽病、介壳虫

劳尔

Sedum clavatum

景天科 景天属

入手理由: 劳尔的叶片可以养出果冻般的透明黄色,加上独特的淡淡清香,令很多人为之着迷。

💰 **入坑价:** 7~9元/件

夏型种

习性:喜温暖、干燥和阳光充足的环境。

特征:多年生肉质草本。

原产地:墨西哥。

叶:常为灰蓝绿色,肥厚饱满,叶表被有白粉,光照充足时叶尖会出现淡淡的红晕。

花:星状,白色。

个性养护

春秋季容易徒长,要加长日照时间,同时注意光照不宜过强,并控制浇水频率。春季开花时,可适当施肥。夏季高温时要注意遮阴,不仅要控水,还要加强通风,加速水分蒸发。冬季要特别注意防冻,室内养护温度要保持在5℃以上,需要有充足的光照。

🌸 **开花:** 春 ☀ **日照:** 稍耐阴 💧 **水:** 耐干旱

🌿 **繁殖:** 叶插、砍头 ⬤ **病虫害:** 较少

新奇又美丽的花朵

生石花

Lithops spp.

入手理由： 非常可爱迷人，外形和色泽酷似彩色卵石，品种繁多，约四十种，色彩丰富，是世界著名的小型多肉植物。

番杏科 生石花属

入坑价：2-5元/件

中间型种

习性： 喜温暖、干燥、阳光充足和通风良好的环境。

特征： 多年生肉质草本。

原产地： 南非。

叶： 有一对连在一起的肉质叶，具有多彩的斑纹。

花： 雏菊状，白色、黄色比较常见。

个性养护

生长期盆土保持湿润，每半月施肥1次，秋季花后暂停施肥。夏季高温适当少浇水，秋凉后盆土保持稍湿润。植株在蜕皮期间禁止浇水，蜕完皮再浇水。冬季气温低于12℃时，则有可能遭受冻害而死亡，冬季盆土保持稍干燥。每2年换盆1次，不宜与习性不同的景天科多肉组合栽培。

开花： 春　**日照：** 稍耐阴　**水：** 耐干旱

繁殖： 扦插、播种　**病虫害：** 叶斑病、根结线虫

肉锥花

Conophytum spp.

番杏科 肉锥花属

入手理由: 有两百多个品种。平日里不起眼的肉锥花，当它开花时，却惊艳四座，宛若撑着一把花伞的江南女子。

💰 **入坑价:** 2-5元/件

冬型种

习性: 喜温暖、低湿和阳光充足的环境。
特征: 多年生肉质草本。
原产地: 南非。
叶: 球形或圆锥形，顶面有明显裂缝，深浅不一。
花: 花小，单生，雏菊状。

个性养护

生长期盆土保持稍湿润。夏季高温强光时少浇水，秋凉后盆土保持稍湿润，冬季盆土保持稍干燥。生长期每月施肥1次。春季新叶生长期，避开阳光暴晒，盆土忌过湿。每2年换盆1次，栽植时宜浅不宜深。

🌸 **开花:** 夏　☀ **日照:** 稍耐阴　💧 **水:** 耐干旱

🌿 **繁殖:** 扦插、分株、播种　⚫ **病虫害:** 叶腐病

晶莹剔透惹人爱

玉露

Haworthia cooperi

入手理由: 一种叶末端膨大且透明的多肉植物,其叶尖"玻窗"部分特别透明,形似水晶,十分晶莹可爱。

百合科 十二卷属

 入坑价: 5-10元/件

中间型种

习性:喜温暖、低湿和明亮光照的环境。
特征:多年生肉质草本。
原产地:南非。
叶:舟形,肉质,亮绿色,先端肥大呈圆头状,透明,有绿色脉纹,叶尖有细小的须。
花:总状花序,花筒状,白色,中肋绿色。

个性养护

生长期盆土保持稍湿润,夏季高温时植株处半休眠状态,适当遮阴,少浇水,盆土保持稍干燥。秋季叶片恢复生长时,盆土保持稍湿润。冬季严格控制浇水。生长期每月施肥1次。每年春季换盆,清理叶盘下萎缩的枯叶和过长的须根。盆土用泥炭土、培养土和粗沙的混合土,加少量骨粉。

开花: 夏 **日照:** 明亮光照 **水:** 耐干旱
繁殖: 扦插、分株、播种 **病虫害:** 炭疽病

姬玉露

Haworthia cooperi var. truncata

入手理由: 为玉露的小型变种,养护不难,适合光线较好的阳台和窗台,书房窗边的小精灵,可爱动人。

百合科 十二卷属

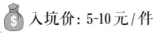 入坑价: 5-10元/件

中间型种

习性: 喜温暖、低湿和明亮光照的环境。
特征: 多年生肉质草本。
原产地: 南非。
叶: 舟形,肉质,亮绿色,先端肥大呈圆头状,透明度高,有绿色脉纹。
花: 总状花序,花筒状,白色,中肋绿色。

个性养护

刚买回的盆栽植株,摆放在有纱帘的窗台或阳台,避开强光,但也不要过于遮阴。盆土不需多浇水,可向植株周围喷水,增加空气湿度。夏季高温季节进入半休眠状态,应减少浇水,秋凉后保持稍湿润。冬季摆放于温暖、阳光充足处越冬。

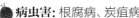

开花: 夏 **日照:** 明亮光照 **水:** 耐干旱
繁殖: 扦插、分株、播种 **病虫害:** 根腐病、炭疽病

懒人也能养活

金琥

Echinocactus grusonii

仙人掌科 金琥属

入手理由：球体大，浑圆，布满金黄色硬刺，霸气沉稳。大球盆点缀门厅、客厅，金碧辉煌。小球盆栽摆放于窗台、书房或餐厅，活泼自然，别有意趣。

$ 入坑价：8-15元/件

夏型种

习性：喜温暖、干燥和阳光充足的环境。
特征：球状仙人掌植物。
原产地：墨西哥
叶：刺棱明显，棱直，刺硬，刺座上生有垫状毡毛，顶部毡毛更密集。
花：钟形，亮黄色。

个性养护

生长期每周浇水1次，每4周施1次肥。春季每2周浇水1次，冬季停止浇水，空气干燥时，向周围喷水。盆栽必须每年换土、剪根1次。不耐寒，冬季温度不应低于5℃。宜肥沃、疏松和排水良好的砂质壤土。

❀**开花：**夏 ☀**日照：**全日照 💧**水：**耐干旱
🌸**繁殖：**扦插、嫁接、播种 ●**病虫害：**较少

仙人掌科 仙人指属

蟹爪兰

Schlumbergera truncata

入手理由：花朵娇柔婀娜，光艳亮丽，开花时节常处于中国冬季节日期间，深受中国人的喜爱。

$ 入坑价：7-12元/件

冬型种

习性：喜温暖、湿润和半阴的环境。
特征：附生性仙人掌。
原产地：巴西。
叶：茎节长，圆形，肉质，鲜绿色，先端截形，边缘具4~8个锯齿状缺刻。
花：花着生于叶状茎顶端，花被开张反卷，花色有深粉红色、红色、橙色、白色等。

个性养护

生长期和开花期每周浇水2次，盆土保持湿润。空气干燥时，每3~4天向叶状茎喷雾1次。花后，控制浇水。其他时间每2周浇水1次。生长期每半月施肥1次。当年扦插或嫁接苗均可开花。培养2~3年可开花几十朵。花期少搬动，以免断茎落花。

开花：秋冬　**日照：**稍耐阴　**水：**耐干旱

繁殖：扦插、嫁接　**病虫害：**腐烂病、红蜘蛛

第二章

求教多肉芳名

☼ 表示日照量：

1个太阳表示减少日照，适当遮阴；

2个太阳表示所需日照量一般，散射光即可；

3个太阳表示所需日照时间长，可以从早晒到晚。

表示浇水频率：

1个水滴表示需水量少，保持盆土干燥，或喷雾即可；

2个水滴表示保持盆土稍干燥，可每月浇水1~2次；

3个水滴表示可以多浇水，每周1~2次。

景天科
Crassulaceae

景天属
Sedum

景天属是景天科中一个较大的属，全属600种，在我国约有140种。主要是一年生多肉植物，以及常绿、半常绿或落叶的二年生植物、多年生植物。叶片互生，有时排列成覆瓦状，叶色变化比较大。

属种习性

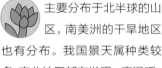

主要分布于北半球的山区，南美洲的干旱地区也有分布。我国景天属种类较多，南北地区都有发现。喜温暖、稍湿润和阳光充足的环境。生长适温18~25℃。耐寒强度差异大，冬季有的不低于5℃，有的可耐零下10℃低温。

栽前准备

入户处理 网购来的裸根多肉，如果根系健康就可以直接上盆。如果有化水的叶片，需要摘除后放在通风处晾一晾再上盆。刚上盆浇水不宜多，以稍干燥为宜。

栽培基质 肥沃园土和粗沙的混合土，加少量骨粉。准备陶粒，避免土壤从盆底的孔洞漏出。还有铺面石，对多肉有固定作用。

花器 单头多肉一般用直径5~10厘米的盆，组合多肉一般用10~20厘米的盆。选用透气性好、较浅的陶盆最佳，或是底部有小洞的瓷盆，更美观。

摆放 景天属多肉最适合摆放在窗台，青翠光亮，显得清雅别致，叶色变化时，带来活泼热闹的氛围。

乙女心

新人四季养护

春秋季生长期每周浇水1次，浇水不宜多，盆土保持稍湿润，充分光照和较大昼夜温差下，叶片会变色。夏季高温强光时须遮阴，盆土保持稍干燥，控制浇水频率，闷热湿润的环境不利于生长。冬季浇水根据室温高低而定，一般每月浇水1次，摆放在温暖、通风和有阳光的位置。

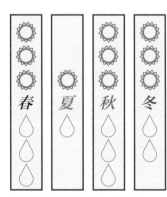

| 春 | 夏 | 秋 | 冬 |

（所需日照量和浇水频率）

姬星美人

选购要领

网购裸根不带土的多肉，要求叶片肥厚，尖头，表面光滑，无缺损，无黄叶，无病虫危害。如果在花市购买盆栽多肉，则要求多肉饱满，茎节紧密，茎叶基本覆盖盆面。

虹之玉

热销品种

劳尔 *Sedum clavatum*

乙女心 *Sedum pachyphyllum*

姬星美人 *Sedum dasyphyllum*

黄丽 *Sedum adolphi*

薄雪万年草 *Sedum hispanicum*

天使之泪 *Sedum torerease*

珊瑚珠 *Sedum stanlii*

婴儿手指

栽培管理

换盆 每年春季4~5月之间，气温达到15℃左右时，换盆最佳，尽量少伤根。一般情况下，栽培一年后，需改善根部栽培环境。

施肥 全年施肥2~3次，用稀释饼肥水。施肥过多容易造成叶片疏散、柔软，姿态欠佳。

病虫害防治 炭疽病和白绢病危害，用50%托布津可湿性粉剂500倍液喷洒。介壳虫危害，用25%亚胺硫磷乳油1 000倍液喷杀。

薄雪万年草

多肉繁殖方法

叶插： 成功率高，是v大量繁殖时的首选。轻轻掰下叶片，放通风处2~3天，晾干，插入沙床，摆放半阴处养护，约3周生根，待长出幼株后盆栽。

扦插： 全年都可扦插，以春秋季扦插效果最好，生长速度较快。

砍头： 顶端进行剪切，促使侧芽生长，从一株变两株，从单头变多头。

参考价:3-10 元/件

冬型种
红色浆果
Sedum rubrotinctum 'Redberry'

特征: 多年生肉质植物。**原产地:** 栽培品种。**叶:** 长卵圆形至卵圆形,中绿色,阳光下转粉色至红色。**花:** 星状,淡黄色。**个性养护:** 春秋季要控制浇水频率,增加日照时间。夏季注意遮阴,保持盆土干燥,注意不要积水。

❀ **开花:** 冬 ☀ **日照:** 全日照 💧 **水:** 耐干旱
🌸 **繁殖:** 叶插 🦠 **病虫害:** 较少

参考价:3-9 元/件

冬型种
珊瑚珠 *Sedum stanlii*

特征: 多年生肉质植物。**原产地:** 墨西哥。**叶:** 卵圆形至长卵圆形,肉质,绿色,被淡红褐色晕,顶端部稍深。**花:** 聚伞花序,花星状,淡黄色。**个性养护:** 喜阳光充足,春秋季要控制浇水频率,增加日照时间。夏季注意遮阴,浇水量不宜多,保持盆土干燥,注意不要积水。

❀ **开花:** 冬 ☀ **日照:** 全日照 💧 **水:** 耐干旱
🌸 **繁殖:** 叶插 🦠 **病虫害:** 较少

冬型种
千佛手 *Sedum nieaeense*

特征: 多年生肉质植物。**原产地:** 墨西哥。**叶:** 纺锤形,青绿色,镶嵌白色斑点。**花:** 聚伞花序,花星状,黄色。**个性养护:** 生长期需要充足阳光,春秋季要控制浇水频率。夏季有短暂休眠期,注意遮阴,保持盆土稍湿润,若盆土过湿,叶片易腐烂。

❀ **开花:** 春夏 ☀ **日照:** 全日照 💧 **水:** 耐干旱
🌸 **繁殖:** 叶插、扦插 🦠 **病虫害:** 较少

参考价:2-4 元/件

💰 **参考价:** 5~8 元 / 件

冬型种

八千代 *Sedum corynephyllum*

特征: 灌木状肉质植物。**原产地:** 墨西哥。
叶: 簇生于茎顶,圆柱状,淡绿色或淡灰蓝色,叶先端具红色。**花:** 花小,黄色。**个性养护:** 秋季天气稍微凉爽时可施肥,但要控制施肥量,避免植株徒长,引起茎部伸展过快和叶片柔弱。

🌼 **开花:**春 ☀ **日照:**全日照 💧 **水:**耐干旱
🌸 **繁殖:**叶插 ⚫ **病虫害:**炭疽病

冬型种

小野玫瑰 *Sedum sedoides*

特征: 多年生肉质植物。**原产地:** 墨西哥。
叶: 小巧精致,质地较薄且软,呈莲座状排列,叶片上密布细小茸毛。通常叶片呈绿色,春、秋季光照充足时,叶片会变微红。**花:** 聚伞花序,花小,黄色。**个性养护:** 茎匍匐伸长,茎节处会生根发出新芽苗。肥料不宜多施,否则茎伸长过快,叶片不密集,反而有损姿态。

🌼 **开花:**春 ☀ **日照:**全日照 💧 **水:**耐干旱
🌸 **繁殖:**砍头、叶插 ⚫ **病虫害:**较少

💰 **参考价:** 4~8 元 / 件

💰 **参考价:** 20~30 元 / 件

冬型种

信东尼 *Sedum hintonii*

特征: 多年生肉质植物。**原产地:** 墨西哥。
叶: 无叶尖,常年绿色,叶面上布满白色茸毛,所以又叫毛叶兰景天。**花:** 白色花朵大而美丽,有5片花瓣,花蕊顶端呈艳丽的红色。**个性养护:** 非常怕热,夏天要特别注意遮阴,放置在通风凉爽的环境,适当浇水。

🌼 **开花:**春秋 ☀ **日照:**全日照 💧 **水:**耐干旱
🌸 **繁殖:**砍头 ⚫ **病虫害:**较少

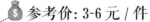

💰 参考价: 3-6 元 / 件

冬型种

天使之泪 *Sedum torerease*

特征: 多年生肉质植物。**原产地:** 墨西哥。
叶: 肉质,纺锤形,呈放射状生长,表皮绿色,表面覆盖白色和褐色斑点。**花:** 花钟形,绿色。**个性养护:** 日照充足,春秋季要控制浇水频率。夏季注意遮阴,浇水量不宜多,保持盆土干燥,注意不要积水。

🌸 **开花:**夏 ☀ **日照:**全日照 💧 **水:**耐干旱
🌼 **繁殖:**扦插、叶插 🐛 **病虫害:**较少

💰 参考价: 2.5~6 元 / 件

冬型种

新玉坠

Sedum morganianum var. burrito

特征: 多年生肉质植物。**原产地:** 墨西哥。
叶: 肉质,短而稠密,淡绿色,带白霜,长1厘米,顶端钝圆,非常坚实。**花:** 花星状。
个性养护: 喜欢昼夜温差大的环境。每隔一个月左右浇透水1次,夏季高温,浇水量不宜多,盆土不能积水。

🌸 **开花:**夏 ☀ **日照:**全日照 💧 **水:**耐干旱
🌼 **繁殖:**扦插、叶插 🐛 **病虫害:**较少

冬型种

垂盆草 *Sedum sarmentosum*

特征: 匍匐性肉质植物。**原产地:** 墨西哥。
叶: 3叶轮生,倒披针形至长圆形。**花:** 聚伞花序,具分枝,花无梗,花瓣5片,黄色。**个性养护:** 生长期盆土保持稍湿润。常垂吊生长,在夏季能够降低室内温度,注意稍遮阴。茎匍匐而节上生根,直到花序之下,长10~25厘米。生长速度快,容易繁殖,适合家庭盆栽种植。

🌸 **开花:**夏 ☀ **日照:**全日照 💧 **水:**耐干旱
🌼 **繁殖:**扦插 🐛 **病虫害:**较少

💰 参考价: 3-9 元 / 件

💰 **参考价:** 4-8 元 / 件

冬型种

乔伊斯·塔洛克

Sedum 'Joyce Tulloch'

特征: 多年生肉质植物。**原产地:** 栽培品种。**叶:** 匙形,肉质,呈莲座状,叶面浅绿色,全缘,椭圆顶,小尖,红色,叶缘有红细边。**花:** 花小,黄色。**个性养护:** 生长期需要光照充足、昼夜温差大的环境以及排水良好的土壤,同时控制浇水次数。

🌼 **开花:**春夏 ☀ **日照:**全日照 💧**水:**耐干旱
🌸 **繁殖:**扦插 ● **病虫害:**较少

冬型种

春上 *Sedum* 'Chunshang'

特征: 多年生肉质植物。**原产地:** 栽培品种。**叶:** 叶厚,倒卵球形,灰绿色,镶嵌黄色斑块,密生细短白毛,顶端叶缘具缺刻。**花:** 管状,红色。**个性养护:** 浇水干透浇透即可,如叶片变黄,可能与缺水有关系,注意补水,夏季休眠,但度夏不难,稍微遮阴控水即可,其他季节完全可以露养。

🌼 **开花:**夏秋 ☀ **日照:**全日照 💧**水:**耐干旱
🌸 **繁殖:**扦插、叶插 ● **病虫害:**介壳虫

💰 **参考价:** 4-7 元 / 件

💰 **参考价:** 3-5 元 / 件

冬型种

铭月 *Sedum nussbaumerianum*

特征: 多年生肉质植物。**原产地:** 墨西哥。**叶:** 对生,肉质,倒卵形,呈莲座状排列,黄绿色。**花:** 聚伞花序,花白色。**个性养护:** 春秋季生长期适度浇水。不同养护条件下,颜色会不同。半阴环境下叶黄绿色,而光照充足时叶片边缘会变红色。枝干很容易长高,须修剪整形。养护2年后易垂吊。

🌼 **开花:**春夏 ☀ **日照:**全日照 💧**水:**耐干旱
🌸 **繁殖:**砍头、叶插 ● **病虫害:**炭疽病

石莲花属
Echeveria

石莲花属约有150种。常绿多年生肉质植物，偶有落叶亚灌木。叶片肉质，多彩，呈莲座状，叶面有毛或白粉。夏末秋初抽出总状花序、聚伞花序和圆锥花序。

属种习性

原产于美国、墨西哥和安第斯山地区。喜温暖、干燥和阳光充足的环境。不耐寒，冬季温度不低于5℃。耐干旱和半阴，忌积水。宜肥沃、疏松和排水良好的砂质壤土。生长期适度浇水，冬季保持干燥。

栽前准备

入户处理 网购回来的裸根多肉要先对根系进行修剪，剪除腐根老根，除根后及时进行晾根处理。刚买回的盆栽植株，摆放在阳光充足的窗台或阳台，不要摆放在通风差或过于遮阴的场所。盆土不宜多浇水，可向植株周围喷水，增加空气湿度。冬季须摆放温暖、阳光充足处越冬。

栽培基质 盆土用泥炭土和粗沙的混合土，加少量骨粉。配土可使用泥炭，珍珠岩，煤渣，大概比例1:1:1，为了隔离植株和土表接触，也为了更加透气。

花器 单头多肉一般用直径10~15厘米的盆，组合多肉一般用15~20厘米的盆。

摆放 用于点缀窗台、书桌或案头，非常可爱有趣。也适用于瓶景、框景或作为插花装饰。

新人四季养护

春秋季每周浇水1次，浇水不宜多，盆土切忌过湿，不能向叶面喷水，只能向盆器周围喷雾，以免叶丛中积水导致腐烂。夏季高温强光时适当遮阴，盆土保持稍干燥，控制浇水频率。冬季一般每月浇水1次，摆放在温暖、通风和有阳光的位置。多数石莲花属多肉叶片有白粉，日常养护时要格外小心，不要留下指印等痕迹。

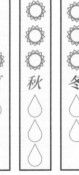

春　夏　秋　冬

（所需日照量和浇水频率）

旭鹤

静夜

白凤

选购要领

网购回来的多肉，要求叶片多，肥厚多汁，根系完整，无缺损，无病虫危害。在市场选购盆栽多肉植株时，则要求植株健壮、端正，呈莲座状，株高不超过10厘米。

吉娃莲

热销品种

雪莲 *Echeveria laui*
初恋 *Echeveria* 'Huthspinke'
蓝石莲 *Echeveria peacockii*
静夜 *Echeveria derenbergii*
晚霞 *Echeveria* 'Afterglow'
酥皮鸭 *Echeveria* 'Supia'

栽培管理

 换盆 每年春季换盆。换盆时，剪除植株基部萎缩的枯叶和过长的须根。

 施肥 生长期每月施肥1次，用稀释饼肥水。肥液切忌沾污叶面。

病虫害防治 常发生锈病和叶斑病危害，可用75%百菌清可湿性粉剂800倍液喷洒防治。虫害有黑象甲和根结线虫危害，黑象甲用25%西维因可湿性粉剂500倍液喷杀，根结线虫用3%呋喃丹颗粒剂防治。

多肉繁殖方法

播种： 种子成熟后即播，发芽适温16~19℃，播后2~3周发芽。

扦插： 春末剪取成熟叶片，待剪口干燥后插于沙床。注意剪口要平。约3周后生根，长出幼株后上盆。

分株： 如果母株基部萌发有子株，可在春季直接分株上盆。

紫珍珠

玉蝶

黑王子

$ 参考价: 2.5~6 元 / 件

冬型种

晚霞 *Echeveria 'Afterglow'*

特征: 多年生肉质植物。**原产地:** 栽培品种。
叶: 紧密排列,呈莲座状。叶面光滑有白粉,
叶缘非常薄,微微向叶面翻转,叶缘会发红,
叶片呈微蓝粉色或浅紫粉色。**花:** 花小。**个**
性养护: 喜阳光充足,夏季休眠期适当遮阴,
注意通风。生长期每周浇水1次,冬季只需
浇水1~2次,浇水时不要淋到叶片。

开花: 春 **日照:** 全日照 **水:** 耐干旱
繁殖: 播种、分株 **病虫害:** 较少

$ 参考价: 4.5~9.5 元 / 件

冬型种

黑爪

Echeveria mexensis 'Zaragosa'

特征: 多年生肉质植物。**原产地:** 栽培品种。
叶: 匙形,肉质,呈莲座状,叶面银白绿色,
被白粉,全缘,椭圆顶,小尖,红色,叶缘有
红细边。**花:** 花小,黄色。**个性养护:** 每年
春季换盆。换盆时,剪除植株基部萎缩的枯
叶和过长的须根。

开花: 春夏 **日照:** 全日照 **水:** 耐干旱
繁殖: 砍头、叶插、分株 **病虫害:** 较少

夏型种

紫美人 *Echeveria 'Opal'*

特征: 多年生肉质植物。**原产地:** 栽培品种。
叶: 卵圆形,全缘,先端急尖,呈莲座状,叶
面紫灰色至紫绿色。**花:** 聚伞花序,花小,
紫色。**个性养护:** 盆土长期保持稍湿,但不
能积水,冬季保持干燥。喜明亮光照,也耐
半阴,夏季须遮阴,防止叶片灼伤。

开花: 夏 **日照:** 明亮光照 **水:** 耐干旱
繁殖: 砍头、叶插 **病虫害:** 较少

$ 参考价: 5~7.5 元 / 件

💰 **参考价：4~8.5 元 / 件**

夏型种

酥皮鸭 *Echeveria* 'Supia'

特征：直立的肉质灌木。**原产地：**栽培品种。**叶：**叶盘莲座状，叶片广卵形，光滑绿色，叶片顶端和叶缘发红，有叶尖，叶背有一条棱，会发红。**花：**聚伞花序，花小，紫色。**个性养护：**生长期保持充足光照，强光下叶片的顶端和边缘会变红。夏季须遮阴，防止叶片灼伤。

✿ **开花：**夏 ☀ **日照：**稍耐阴 💧 **水：**耐干旱
✿ **繁殖：**叶插、分株 🦠 **病虫害：**黑腐病

夏型种

冰莓 *Echeveria* 'Ice Strawberry'

特征：多年生肉质植物。**原产地：**栽培品种。**叶：**长匙形，全缘，蓝绿色，被白粉，排列成莲座状。**花：**聚伞花序，花浅红色。**个性养护：**生长期盆土保持稍湿，过湿易引起叶片徒长，底部叶片腐烂。喜明亮光照，强光易灼伤叶片。

✿ **开花：**冬春 ☀ **日照：**明亮光照 💧 **水：**耐干旱
✿ **繁殖：**砍头、叶插 🦠 **病虫害：**较少

💰 **参考价：5~7.5 元 / 件**

💰 **参考价：2~5 元 / 件**

冬型种

女雏 *Echeveria* 'Medina'

特征：多年生肉质植物。**原产地：**栽培品种。**叶：**卵圆形至长卵圆形，肉质，向内抱，呈莲座状，中绿色，春秋季阳光充足，叶片变成粉红色。**花：**聚伞花序，浅红色。**个性养护：**每2~3年换盆1次，换盆后恢复较慢，生长期控制浇水量，以干燥为好。

✿ **开花：**春夏 ☀ **日照：**全日照 💧 **水：**耐干旱
✿ **繁殖：**叶插、扦插 🦠 **病虫害：**较少

夏型种

彩虹 *Echeveria 'Rainbow'*

特征: 多年生肉质植物。**原产地:** 栽培品种。
叶: 宽匙形,排列成莲座状,蓝绿色,被白霜,
先端急尖,叶缘和叶尖红色。**花:** 聚伞花序,
花钟形,红色。**个性养护:** 夏季须遮阴,防
止叶片灼伤。盆土长期保持稍湿,不能积水,
冬季保持干燥。

❀ **开花:** 春夏 ☀ **日照:** 全日照 💧 **水:** 耐干旱
🌼 **繁殖:** 砍头、叶插 ● **病虫害:** 较少

💰 **参考价:** 9-13 元 / 件

💰 **参考价:** 5-7.5 元 / 件

夏型种

月影 *Echeveria elegans*

特征: 多年生肉质植物。**原产地:** 墨西哥。
叶: 叶多,卵形,先端厚,稍内弯,新叶先端
有小尖,肥厚多汁,淡粉绿色,表面被白粉,
排列成莲座状。**花:** 聚伞花序,浅红色。**个
性养护:** 生长期以干燥环境为好,盆土应少
浇水,盛夏高温时不宜多浇水。每月施肥 1
次,施肥过多,会引起徒长。

❀ **开花:** 冬 ☀ **日照:** 全日照 💧 **水:** 耐干旱
🌼 **繁殖:** 砍头、叶插、分株 ● **病虫害:** 较少

夏型种

白凤 *Echeveria 'Hakuhou'*

特征: 多年生肉质植物。**原产地:** 栽培品种。
叶: 卵圆形至近球形,扁平,肉质,青绿色,
表面被白粉,叶片前端有粉红色溅点。**花:**
聚伞花序,花浅红色。**个性养护:** 生长期盆
土不宜过湿。阳光充足时,叶片前端变成
红色。

❀ **开花:** 夏 ☀ **日照:** 全日照 💧 **水:** 耐干旱
🌼 **繁殖:** 砍头 ● **病虫害:** 黑腐病

💰 **参考价:** 6-10 元 / 件

$ 参考价: 4-12 元 / 件

夏型种
莎莎女王
Echeveria 'Sasa Queen'

特征: 多年生肉质植物。**原产地:** 栽培品种。**叶:** 圆匙形, 覆有薄粉。**花:** 聚伞花序, 花浅红色。

个性养护: 生长期光照充足、温差大、控制浇水等, 可以让叶子边缘明显变红。夏季高温需通风遮阴, 冬季放室内养护。不易群生, 可以进行叶插繁殖。

❀ **开花:** 春夏 ☀ **日照:** 全日照 💧 **水:** 耐干旱
🌸 **繁殖:** 叶插、分株 ⬤ **病虫害:** 较少

夏型种
蓝精灵 *Echeveria* 'Blue Elf'

特征: 多年生肉质植物。**原产地:** 栽培品种。**叶:** 卵形, 肉质, 排列成莲座状, 嫩绿色, 被白霜, 叶末端红色。**花:** 聚伞花序, 花钟形, 红色。**个性养护:** 夏季须遮阴, 不能完全断水, 避免淋雨, 盆土不能积水, 冬季控制浇水, 保持盆土干燥。

❀ **开花:** 春夏 ☀ **日照:** 全日照 💧 **水:** 耐干旱
🌸 **繁殖:** 砍头、叶插 ⬤ **病虫害:** 较少

$ 参考价: 9-13 元 / 件

$ 参考价: 3-5 元 / 件

夏型种
霜之朝 *Echeveria simonoasa*

特征: 多年生肉质植物。**原产地:** 墨西哥。**叶:** 卵圆形, 肉质, 灰绿色, 被白粉, 呈莲座状排列。**花:** 聚伞花序, 浅红色。**个性养护:** 春秋生长迅速, 须控制浇水, 防止徒长, 浇水时不要向叶片和叶心喷洒。尽量避免手指触碰叶片白粉, 留下指纹, 影响观赏效果。

❀ **开花:** 春夏 ☀ **日照:** 全日照 💧 **水:** 耐干旱
🌸 **繁殖:** 叶插 ⬤ **病虫害:** 较少

夏型种

锦晃星 *Echeveria pulvinata*

特征: 多年生灌木状植物。**原产地:** 墨西哥。
叶: 匙形或倒卵圆形,肥厚,中绿色,具白色
茸毛,边缘及顶端呈红色。**花:** 圆锥花序,
小花坛状,黄或红黄色。**个性养护:** 生长期
不宜多浇水,盆土过湿,茎叶易徒长,节间
伸长,叶片柔软,毛色缺乏光泽。特别在冬
季低温条件下,水分过多,根部易腐烂。

❀ **开花:** 冬 ☀ **日照:** 全日照 ◌ **水:** 耐干旱
🌸 **繁殖:** 砍头、叶插 ● **病虫害:** 较少

💰 **参考价:** 5~9 元 / 件

💰 **参考价:** 2~5 元 / 件

中间型种

玉蝶 *Echeveria glauca*

特征: 多年生肉质植物。**原产地:** 墨西哥。
叶: 30~50枚匙形叶片组成莲座状叶盘,叶
片淡灰色,先端有一小尖,被白粉。**花:** 总
状花序,花小,外红内黄。**个性养护:** 生长
期以干燥为好,若盆土过湿,茎叶易徒长,
丧失观赏价值。

❀ **开花:** 春 ☀ **日照:** 全日照 ◌ **水:** 耐干旱
🌸 **繁殖:** 砍头、叶插 ● **病虫害:** 较少

夏型种

罗密欧

Echeveria agavoides 'Romeo'

特征: 多年生肉质植物。**原产地:** 栽培品种。
叶: 长三角形,叶片肥厚,叶尖、叶面光滑,
有光泽。**花:** 聚伞花序,橙红色。**个性养护:**
新叶绿色,生长一段时间后变为浅紫色,温
差大时转为深紫红色。

❀ **开花:** 春夏 ☀ **日照:** 全日照 ◌ **水:** 耐干旱
🌸 **繁殖:** 播种、叶插 ● **病虫害:** 较少

💰 **参考价:** 4~9 元 / 件

💰 **参考价**: 5-7 元 / 件

中间型种

大和锦 *Echeveria purpusorum*

特征: 多年生肉质植物。**原产地**: 墨西哥。
叶: 互生,三角状卵形,全缘,先端急尖,呈莲座状,叶面灰绿色,有红褐色斑点。**花**: 总状花序,长30厘米,花小,红色,上部黄色。
个性养护: 生长期每周浇水1次,冬季只需浇水1~2次,不能向叶面喷水。扦插成活率较高,可以用整个莲座状叶盘扦插外。

❀ **开花**:春夏 ☀ **日照**:全日照 💧 **水**:耐干旱
🌸 **繁殖**:播种、叶插 ● **病虫害**:较少

夏型种

花之鹤

Echeveria 'Pallida Prince'

特征: 多年生肉质植物。**原产地**: 栽培品种。
叶: 圆卵形,肉质,呈莲座状,叶面嫩绿色,全缘,椭圆顶,叶缘有红细边。**花**: 花小,黄色。**个性养护**: 保证土壤有一定的透气、透水性,夏季需要注意遮阴和通风,忌暴晒。冬季不耐寒,需室内养护。

❀ **开花**:春夏 ☀ **日照**:全日照 💧 **水**:稍耐旱
🌸 **繁殖**:砍头、分株 ● **病虫害**:较少

💰 **参考价**: 3.5~8 元 / 件

💰 **参考价**: 6-10 元 / 件

夏型种

广寒宫 *Echeveria cante*

特征: 多年生肉质植物。**原产地**: 墨西哥。
叶: 较大,匙形,肉质,呈松散莲座状,中绿色,密布白霜,叶缘和叶尖粉色。**花**: 浅红色。
个性养护: 喜欢充足日照,在通风良好情况下,夏季可不遮阴,注意控水,浇水不要浇到叶片上。

❀ **开花**:春夏 ☀ **日照**:全日照 💧 **水**:耐干旱
🌸 **繁殖**:播种、砍头 ● **病虫害**:较少

夏型种

丽娜莲 *Echeveria lilacina*

特征: 多年生肉质植物。**原产地:** 墨西哥。
叶: 卵圆形,肉质,叶顶端有小尖,叶面中间向内凹,浅粉色。**花:** 聚伞花序,浅红色。
个性养护: 生长期适度浇水,不能向叶面和叶心浇水,冬季盆土稍湿即可。

❀ **开花:** 春夏 ☀ **日照:** 全日照 ◊ **水:** 耐干旱
❀ **繁殖:** 播种、叶插 ● **病虫害:** 较少

💰 **参考价:** 1.5-4 元 / 件

💰 **参考价:** 2-5 元 / 件

中间型种

黑王子 *Echeveria 'Black Prince'*

特征: 多年生肉质植物。**原产地:** 栽培品种。
叶: 匙形,排列成莲座状,先端急尖,表皮紫黑色,在光线不足或生长旺盛时,中心叶片呈深绿色。**花:** 聚伞花序,花小,紫色。**个性养护:** 夏季避免暴晒,冬季在低温条件下,水分过多根部易腐烂,易变成无根植株。

❀ **开花:** 夏 ☀ **日照:** 全日照 ◊ **水:** 耐干旱
❀ **繁殖:** 叶插、砍头 ● **病虫害:** 介壳虫

夏型种

雨燕座 *Echeveria 'Apus'*

特征: 多年生肉质植物。**原产地:** 栽培品种。
叶: 细长,绿底红边,但底色偏蓝,叶边偏桃红色,呈莲座状紧密排列。**花:** 花小,钟形,黄色。**个性养护:** 喜欢充足光照,夏季适度遮阴,注意控水。叶插成功率很高,砍头叶容易产生各种爆盆。

❀ **开花:** 春 ☀ **日照:** 全日照 ◊ **水:** 耐干旱
❀ **繁殖:** 叶插、砍头 ● **病虫害:** 介壳虫

💰 **参考价:** 4-7 元 / 件

💰 参考价: 4~8 元 / 件

夏型种

红稚莲 *Echeveria macdougallii*

特征: 多年生肉质植物。**原产地:** 墨西哥。
叶: 光滑,叶缘微发红,随着生长茎部会逐渐长高。叶片呈莲座状松散排列,叶片广卵形至散三角卵形。**花:** 小花钟形,黄色。**个性养护:** 喜欢充足光照,生长期露养最好,夏季遮阴,注意控水。冬季需要室内养护。

🌼 开花:春　☀ 日照:全日照　💧 水:耐干旱
🌸 繁殖:叶插、砍头　🫐 病虫害:较少

夏型种

露娜莲 *Echeveria* 'Lola'

特征: 多年生肉质植物。**原产地:** 栽培品种。
叶: 卵圆形,肉质,先端有小尖,灰绿色,被浅粉色晕。**花:** 聚伞花序,淡红色。**个性养护:** 浇水时,不能向叶面和叶片中心喷洒,否则叶片容易腐烂。露养除了要注意虫害,还要防止麻雀啄食。

🌼 开花:冬春　☀ 日照:全日照　💧 水:耐干旱
🌸 繁殖:叶插、砍头、播种　🫐 病虫害:较少

💰 参考价: 6~10 元 / 件

💰 参考价: 7~15 元 / 件

夏型种

姬莲 *Echeveria minima*

特征: 多年生肉质植物。**原产地:** 墨西哥。
叶: 卵圆形,先端有小尖,肉质,肥厚,小尖和叶缘红色。**花:** 聚伞花序,花红色。**个性养护:** 生长期控水、控肥,防止基底层叶片过湿导致腐烂。夏季注意控水和通风,雨过天晴后及时通风。

🌼 开花:春夏　☀ 日照:全日照　💧 水:耐干旱
🌸 繁殖:叶插、砍头　🫐 病虫害:较少

夏型种

巧克力方砖 *Echeveria 'Melaco'*

💰 参考价: 2.5-10 元 / 件

特征: 多年生肉质植物。**原产地:** 栽培品种。
叶: 褐红色的叶片向内凹陷有明显的波折,
叶缘有轻微米黄色边,强光下或者温差大,
叶片变成紫褐色。**花:** 簇状花序。**个性养护:**
生长期每月施肥1次,2周浇水1次。夏季高
温会休眠,需要遮阴。

❀ **开花:**春夏 ☀ **日照:**全日照 💧**水:**耐干旱
✿ **繁殖:**叶插、砍头 ● **病虫害:**介壳虫

💰 参考价: 1-4 元 / 件

夏型种

红化妆 *Echeveria 'Victor'*

特征: 多年生肉质植物。**原产地:** 栽培品种。
叶: 宽匙形,排列成莲座状,蓝绿色,被白霜,
先端急尖,叶缘和叶尖粉色。**花:** 聚伞花序,
花钟形,红色。**个性养护:** 夏季高温要注意
遮阴和控水,不需浇透。浇水的时间可选择
春冬的临近中午较暖和的时间段,夏季傍晚
较为凉爽的时间段。

❀ **开花:**春夏 ☀ **日照:**全日照 💧**水:**耐干旱
✿ **繁殖:**叶插、砍头 ● **病虫害:**较少

夏型种

红边月影 *Echeveria albicans*

💰 参考价: 3-6 元 / 件

特征: 多年生肉质植物。**原产地:** 墨西哥。
叶: 叶片多,匙形,先端厚,稍外翻,肥厚多
汁,淡绿色,表面被白粉,排列成莲座状。**花:**
淡红色。**个性养护:** 春秋季节早晚浇水,夏
天最好傍晚浇水,冬季在午后浇水。施肥时
防止肥液沾污叶面。

❀ **开花:**夏冬 ☀ **日照:**全日照 💧**水:**耐干旱
✿ **繁殖:**叶插、砍头、分株 ● **病虫害:**较少

💰 参考价: 5-10 元 / 件

夏型种

丹尼尔 *Echeveria* 'Joan Daniel'

特征: 多年生肉质植物。**原产地:** 栽培品种。

叶: 卵圆形至长卵圆形,肉质,向内抱,呈莲座状,青绿色,叶缘和叶尖黄色。**花:** 聚伞花序,浅红色。**个性养护:** 生长期控水、控肥,防止基底层叶片受湿腐烂。冬季最低温不低于5℃,宜放室内阳光充足处养护。

❀ **开花:** 春夏　☀ **日照:** 全日照　💧 **水:** 耐干旱

❀ **繁殖:** 叶插、分株　🐛 **病虫害:** 较少

夏型种

秀妍 *Echeveria* 'Suyon'

特征: 多年生肉质植物。**原产地:** 栽培品种。

叶: 卵圆形,肥厚,浅绿色,呈莲座状排列,叶面密被红色小点,叶缘鲜红色。**花:** 总状花序,花坛状,淡红色。**个性养护:** 生长期需要充足光照,夏季要适度遮阴,不能暴晒。对水分不敏感,冬季要尽量控制浇水次数。

❀ **开花:** 夏秋　☀ **日照:** 全日照　💧 **水:** 耐干旱

❀ **繁殖:** 叶插、砍头　🐛 **病虫害:** 较少

💰 参考价: 15-22 元 / 件

💰 参考价: 6-10 元 / 件

夏型种

东云 *Echeveria agavoides*

特征: 多年生肉质植物。**原产地:** 墨西哥。

叶: 卵圆形或卵圆状三角形,肉质,浅绿色,长3~9厘米,叶尖红色,呈莲座状排列。**花:** 聚伞花序,红色,顶端黄色。**个性养护:** 生长期喜阳光充足,且叶片边缘会转为浅红褐色。若室温低于7℃时,进入半休眠,只需浇水1~2次,保持盆土干燥。

❀ **开花:** 春夏　☀ **日照:** 全日照　💧 **水:** 耐干旱

❀ **繁殖:** 砍头　🐛 **病虫害:** 锈病、介壳虫

夏型种

红唇 *Echeveria 'Bella'*

特征：多年生肉质植物。**原产地：**栽培品种。
叶：倒卵形，肥厚，先端宽，基部窄，叶稍向内弯，绿色，先端呈红褐色，叶面密被白色绢毛，呈松散的莲座状。**花：**聚伞花序，花坛状，黄红色。**个性养护：**生长期盆土切忌过湿。夏天需遮阴通风，冬季要放置在阳光充足、温暖的地方。

✿ **开花：**春夏 ☀ **日照：**全日照 💧 **水：**耐干旱
🌸 **繁殖：**叶插、分株 🐛 **病虫害：**较少

💰 **参考价：4~9 元 / 件**

💰 **参考价：4.5~7 元 / 件**

夏型种

旭鹤 *Echeveria atropurpurea*

特征：多年生肉质植物。**原产地：**墨西哥。
叶：匙形，肉质，全缘，叶正面下凹，浅粉色，呈莲座状排列。**花：**聚伞花序，花红色。**个性养护：**夏季湿热的天气，植株有短暂休眠期，注意通风和遮阴，减少浇水。生长期充足光照，昼夜大温差，会变成漂亮的果冻色，变红后与初恋很像。

✿ **开花：**秋 ☀ **日照：**全日照 💧 **水：**耐干旱
🌸 **繁殖：**叶插、分株 🐛 **病虫害：**较少

夏型种

红姬莲 *Echeveria 'Red Minima'*

特征：多年生肉质植物。**原产地：**栽培品种。**叶：**卵圆形，先端有小尖，肉质，肥厚，叶缘红色。**花：**聚伞花序，花红色。**个性养护：**生长期控水、控肥，夏季高温休眠，注意遮阴通风。

✿ **开花：**春夏 ☀ **日照：**全日照 💧 **水：**耐干旱
🌸 **繁殖：**叶插、砍头 🐛 **病虫害：**叶斑病

💰 **参考价：3~6 元 / 件**

💰 参考价: 4-7 元 / 件

夏型种

猎户座 *Echeveria 'Orion'*

特征: 多年生肉质植物。**原产地:** 栽培品种。

叶: 匙形,前端有小尖,呈莲座状紧密排列。

花: 聚伞花序,红色。**个性养护:** 生长期注意控制浇水,增加光照,否则容易出现"穿裙子"的现象。浇水时,切忌直接浇灌叶面、叶心,以免留下难看的痕迹或导致叶片腐烂。

🌸 **开花:**春夏 ☀ **日照:**全日照 💧**水:**耐干旱

🌺 **繁殖:**叶插、砍头 🪲 **病虫害:**较少

夏型种

迈达斯国王
Echeveria 'King Midas'

特征: 多年生肉质植物。**原产地:** 栽培品种。

叶: 长匙形,呈莲座状排列,肉质,浅青色,被白粉,叶缘和叶尖粉红色。**花:** 总状花序,淡红色。**个性养护:** 生长期控水、控肥,夏季高温休眠,注意遮阴通风。

🌸 **开花:**春 ☀ **日照:**全日照 💧**水:**耐干旱

🌺 **繁殖:**叶插、砍头 🪲 **病虫害:**较少

💰 参考价: 5-7 元 / 件

💰 参考价: 2-4 元 / 件

夏型种

蓝鸟 *Echeveria 'Blue Bird'*

特征: 多年生肉质植物。**原产地:** 栽培品种。

叶: 宽匙形,排列成莲座状,蓝色或蓝绿色,表面被白霜,先端有一小尖,红色。**花:** 聚伞花序,花钟形,红色。**个性养护:** 生长期盆土保持稍湿,不能过湿积水。喜明亮光照,夏季遇强光时适当遮阴。

🌸 **开花:**春夏 ☀ **日照:**明亮光照 💧**水:**耐干旱

🌺 **繁殖:**叶插、砍头 🪲 **病虫害:**根结线虫

夏型种

蓝丝绒 *Echeveria elegans* var. *simulans* 'Asccusion'

特征: 多年生肉质植物。**原产地:** 栽培品种。
叶: 宽匙形，肥厚，先端急尖，排列成莲座状，浅蓝绿色，被白霜。**花:** 聚伞花序，花钟形，红色。**个性养护:** 生长期盆土保持稍湿，不能过湿，否则容易导致根系腐烂，夏季忌烈日暴晒。

❀ **开花:** 春夏　☀ **日照:** 全日照　💧 **水:** 耐干旱
✿ **繁殖:** 叶插、分株　🌰 **病虫害:** 较少

💰 **参考价:** 6~9 元 / 件

💰 **参考价:** 15~22 元 / 件

夏型种

粉蓝鸟 *Echeveria* 'Pink Bluebird'

特征: 多年生肉质植物。**原产地:** 栽培品种。
叶: 卵圆形或卵圆状三角形，肉质，浅绿色，叶尖红色，呈莲座状排列。**花:** 聚伞花序，红色，顶端黄色。**个性养护:** 生长期盆土保持稍湿，不能过湿。盛夏空气干燥时，可向植株周围喷水，增加空气湿度。

❀ **开花:** 春夏　☀ **日照:** 全日照　💧 **水:** 耐干旱
✿ **繁殖:** 叶插、砍头　🌰 **病虫害:** 较少

夏型种

卡罗拉 *Echeveria colorata*

特征: 多年生肉质植物。**原产地:** 墨西哥。
叶: 宽匙形，排列成莲座状，蓝绿色，被白霜，先端有一小尖，紫色。**花:** 聚伞花序，花钟形，红色。**个性养护:** 生长期盆土保持湿润，不能积水，冬季保持干燥。喜明亮光照，怕强光暴晒，夏季须遮阴。

❀ **开花:** 春夏　☀ **日照:** 明亮光照　💧 **水:** 耐干旱
✿ **繁殖:** 叶插、砍头　🌰 **病虫害:** 锈病

💰 **参考价:** 6.5~10 元 / 件

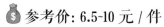

参考价: 5~7 元 / 件

夏型种
小和锦
Echeveria purpusorum 'Little'

特征: 多年生肉质植物。**原产地:** 栽培品种。
叶: 互生,三角状卵形,全缘,先端急尖,呈莲座状,叶面灰绿色,有红褐色斑点。**花:** 总状花序,花小,红色,上部黄色。**个性养护:** 生长特别缓慢,特别喜光,夏季也不须遮阴。

开花:春夏 **日照:**全日照 **水:**耐干旱
繁殖:叶插、砍头 **病虫害:**叶斑病

夏型种
小红衣 *Echeveria globulosa*

特征: 多年生肉质植物。**原产地:** 墨西哥。
叶: 环生,叶片扁平细长,有明显的半透明边缘,叶尖两侧有突出的薄翼。**花:** 聚伞花序,红色。**个性养护:** 强光下,半透明边会出现漂亮的红色。生长不快,容易群生。生长期盆土保持湿润,不能积水,冬季保持干燥。喜明亮光照,怕强光暴晒。

开花:春夏 **日照:**全日照 **水:**耐干旱
繁殖:叶插、砍头 **病虫害:**较少

参考价: 9~15 元 / 件

参考价: 6.5~10 元 / 件

夏型种
加州冰球
Echeveria 'California Ice Hockey'

特征: 多年生肉质植物。**原产地:** 栽培品种。
叶: 长匙形,排列成莲座状,蓝绿色,被白霜,先端急尖,叶缘和叶尖红色。**花:** 钟形,红色。
个性养护: 不能积水,冬季保持干燥,夏季高温须通风,必要时可遮阴。

开花:春夏 **日照:**全日照 **水:**耐干旱
繁殖:叶插、砍头 **病虫害:**较少

风车草属
Graptopetalum

风车草属约有12种，常绿多年生肉质植物。其叶片肉质呈莲座状，很像石莲花属，并可与其杂交出不少具有观赏价值的品种。春季或夏季开花，花钟状或星状。

属种习性

 原产美国、墨西哥的2000米高原地区。喜温暖、干燥和阳光充足的环境。不耐寒，冬季温度不低于5℃。耐干旱和半阴，宜肥沃、疏松和排水良好的砂质壤土。

栽前准备

 入户处理 网购回来的多肉如果所带土壤较多，要先对根系所带的土壤进行清理，扔掉自带没有营养的土壤，同时也能清除掉原土所带的虫卵和虫子。刚买回的盆栽植株，摆放在阳光充足的窗台，不要摆放在通风差、阴暗的场所，盆土不需多浇水，冬季放温暖阳光充足处越冬。

 栽培基质 盆土用泥炭土、培养土和粗沙的混合土，加少量骨粉。准备陶粒，避免土壤从盆底的孔洞漏出。还有铺面石，对多肉有固定作用。

 花器 单头多肉一般用直径10~12厘米的盆，组合多肉一般用12~20厘米的盆。

 摆放 小巧玲珑，非常别致，用它点缀窗台、书桌、案头，十分可爱有趣。也适用组合盆栽、瓶景等装饰。

新人四季养护

春秋季生长期每周浇水1次，保持盆土稍干燥。夏季高温强光时须遮阴，适度浇水，盆土保持稍湿润。空气干燥时，向植株周围喷水，增加空气湿度。冬季浇摆放在温暖、通风和有阳光的位置越冬。注意控制浇水频率，保持盆土干燥。

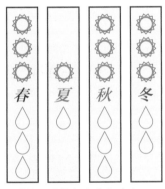

春 夏 秋 冬

（所需日照量和浇水频率）

蓝豆

姬胧月

艾伦

选购要领

花市上选购的盆栽植株要求植株健壮、端正，叶片饱满，呈莲座状排列，株高不超过12厘米。网购回来的裸根多肉要求叶片肉质、肥厚，叶色清新、新鲜，无缺损和病虫斑痕。

桃之卵

热销品种

艾伦 *Graptopetalum* 'Ellen'
姬秋丽 *Graptopetalum mendozae*
风车草 *Graptopetalum pentandrum*

栽培管理

换盆 每2年换盆1次，春季进行。

施肥 生长期每2个月施肥1次，用稀释饼肥水，防止液肥沾污叶面。

病虫害防治 发生锈病时，可用75%百菌清可湿性粉剂800倍液喷洒防治。发生介壳虫可人工捕捉或用40%氧化乐果乳油1500倍液喷杀。

多肉繁殖方法

播种：春夏季播种繁殖，种子发芽适温为19~24℃。

扦插：选健壮的肉质叶进行扦插，插后保持土壤稍湿润，2~3周后可长出新芽并生根。

姬秋丽

参考价: 2~5 元 / 件

夏型种

姬秋丽

Graptopetalum mendozae

特征: 多年生肉质植物。**原产地:** 墨西哥。**叶:**
长卵圆形,灰绿色,被浅粉色,长3~4厘米。
花: 聚伞花序,花星状,白色。**个性养护:** 喜
光,光照不足时呈灰绿色,光照充足能变成
橘红色。遇强光须遮阴,春夏浇水,秋冬保
持干燥。

🌼 **开花:** 冬春 ☀ **日照:** 全日照 💧 **水:** 耐干旱

🌸 **繁殖:** 叶插、砍头 🐛 **病虫害:** 较少

参考价: 5~7 元 / 件

夏型种

蓝豆 *Graptopetalum pachyphyllum* 'Blue Bean'

特征: 多年生肉质植物。**原产地:** 栽培品种。
叶: 长卵圆形,肉质,簇生,表面蓝色,叶尖
褐红色。**花:** 聚伞花序,花星状,白色。**个
性养护:** 肉肉的小叶极易掉落,插进土里就
是一棵新植株,所以很容易群生,群生蓝豆
更易养活。

🌼 **开花:** 冬春 ☀ **日照:** 全日照 💧 **水:** 耐干旱

🌸 **繁殖:** 叶插、砍头 🐛 **病虫害:** 较少

夏型种

丸叶姬秋丽 *Graptopetalum mendozae* 'Rotundifolia'

特征: 多年生肉质植物。**原产地:** 栽培品种。
叶: 饱满圆润,日照充足时叶片会出现粉色,
在强光下,叶片会出现橘红色。**花:** 花小,
红色。**个性养护:** 生长期控水、控肥,浇水
太勤会让茎秆徒长。夏天最好晚上浇水,冬
季在午后浇水。

🌼 **开花:** 春夏 ☀ **日照:** 全日照 💧 **水:** 耐干旱

🌸 **繁殖:** 叶插、砍头 🐛 **病虫害:** 较少

参考价: 5~8 元 / 件

💰 参考价: 2~5 元 / 件

夏型种

华丽风车 *Graptopetalum pentandrum ssp. superbum*

特征: 多年生肉质植物。**原产地:** 墨西哥。**叶:** 呈椭圆形,扁平,先端有小尖,浅紫红色,被白粉。**花:** 聚伞花序,花星状,白色。**个性养护:** 植株叶片被粉紫色晕,不可用手触摸,否则会影响观赏性。浇水,施肥不可浇到叶片上。

🌼 **开花:** 春夏 ☀ **日照:** 全日照 💧 **水:** 耐干旱

🌸 **繁殖:** 叶插 ⚫ **病虫害:** 较少

夏型种

姬胧月锦 *Graptopetalum paraguayense 'Bronze Variegata'*

特征: 多年生肉质植物。**原产地:** 栽培品种。**叶:** 蜡质,正常情况下为红褐色,锦化之后会带有鲜嫩的粉红色。**花:** 小花星状,黄色。**个性养护:** 喜欢阳光充足的环境,光线不足叶片容易退锦,茎叶也会徒长。

🌼 **开花:** 冬春 ☀ **日照:** 全日照 💧 **水:** 耐干旱

🌸 **繁殖:** 叶插、分株 ⚫ **病虫害:** 较少

💰 参考价: 10-15 元 / 件

💰 参考价: 1.5~4 元 / 件

夏型种

风车草

Graptopetalum pentandrum

特征: 多年生肉质植物。**原产地:** 墨西哥。**叶:** 细长纺锤形,深绿色,有细长的叶尖,呈针状。**花:** 花星状,黄色。**个性养护:** 夏季遇强光须遮阴,放置在通风良好的位置,春夏视土壤干燥程度浇水,秋冬保持干燥。

🌼 **开花:** 春夏 ☀ **日照:** 全日照 💧 **水:** 耐干旱

🌸 **繁殖:** 叶插、砍头 ⚫ **病虫害:** 较少

银波锦属
Cotyledon

银波锦属有9种。常呈群生状，多年生肉质植物和常绿亚灌木。叶肉质丛生或交互对生，大多数种类被白粉。顶生圆锥花序，花管状或钟状，通常下垂，有红色、黄色或橙色。花期夏末。

属种习性

 原产于非洲东部、南部的沙漠或阴地和阿拉伯半岛。喜温暖、干燥和阳光充足环境。不耐寒，夏季需凉爽。耐干旱，怕水湿和强光暴晒。宜肥沃、疏松和排水良好的砂质壤土。

栽前准备

 入户处理 网购回来的多肉上盆前应对根系进行修剪，剪除多余的老根。花市购买的盆栽植株应将多肉底部干枯的叶片清理掉，否则容易引发叶片霉菌，导致植株死亡。尽量不要在夏季梅雨季节和高温时购入多肉，成活率较低。

 栽培基质 盆土用泥炭土、培养土和粗沙的混合土，加少量骨粉。准备陶粒，避免土壤从盆底的孔洞漏出。还有铺面石，对多肉有固定作用。

 花器 单头多肉一般用直径12~15厘米的盆，组合多肉一般用15~20厘米的盆。选用价格便宜的塑料盆时可在底部戳孔，便于排水。

 摆放 用于点缀窗台、书桌或儿童室，显得翠绿可爱，新奇别致，使整个居室环境充满亲切感。

新人四季养护

春秋季生长期每周浇水1次，保持盆土湿润。保证充足阳光，光照不足容易徒长。夏季高温时植株进入休眠期，须遮阴，适度浇水，盆土保持稍干燥，过湿，根部容易腐烂。冬季浇摆放在温暖、通风和有阳光的位置越冬。室温低于7℃时，停止浇水。

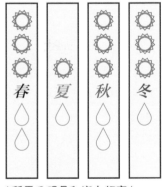

（所需日照量和浇水频率）

达摩福娘

乒乓福娘

选购要领

网购的裸根多肉要求叶片饱满，肉质，无缺损，无病虫危害。市场上选购的盆栽植株，要求植株矮壮、分枝多，叶片上的蜡质、白粉等没有遗留碰触痕迹，株高不超过15厘米。

↰ 福娘

热销品种

熊童子 *Cotyledon tomentosa*
达摩福娘 *Cotyledon 'Pendens'*
轮回 *Cotyledon orbiculata*
黏黏虫 *Cotyledon eliseae*

栽培管理

 换盆 每年春季换盆。植株生长过高时须修剪，压低株形。4~5年后须重新扦插更新。

 施肥 每月施肥1次，用稀释饼肥水，防止液肥沾污叶面。

 病虫害防治 有时发生锈病和叶斑病危害，用65%代森锌可湿性粉剂600倍液喷洒。虫害有粉虱和介壳虫危害，可用40%氧化乐果乳油1 500倍液喷杀。

多肉繁殖方法

扦插： 以早春和深秋进行为好，剪取充实顶端枝条，长5厘米，叶6~7枚，插于沙床，室温在18~22℃，插后14~21天生根。

叶插： 可用单叶扦插，成活率高，但生长、成苗稍慢。

播种： 3~4月室内盆播，发芽适温为20~22℃，播后12~14天发芽，幼苗生长快。

熊童子

黏黏虫 ↰

中间型种

福娘

Cotyledon orbiculata var. *dinter*

特征: 多年生肉质植物。**原产地:** 安哥拉、纳米比亚和南非。**叶:** 扁棒状,对生,肉质,灰绿色,表面被白粉,叶尖和边缘紫红色。**花:** 管状,红色或淡黄红色。**个性养护:** 刚盆栽的幼苗稍干燥为好,当株高达20厘米时,须摘心,促使多分枝。

❀ **开花:** 夏秋 ☀ **日照:** 全日照 ◌ **水:** 耐干旱
🌿 **繁殖:** 叶插、砍头 🐛 **病虫害:** 粉虱

💰 参考价: 2~5 元 / 件

💰 参考价: 4~8 元 / 件

夏型种

达摩福娘 *Cotyledon* 'Pendens'

特征: 多年生肉质植物。**原产地:** 栽培品种。**叶:** 卵圆形,叶片端边缘具紫色。**花:** 红色或淡黄红色。**个性养护:** 夏季需要适当遮阴,摆放在通风处。出现花蕾后,可延长光照时间,增施适量肥料,促使花朵开放。花后需要及时剪除花茎,以免养分被占用,影响植株生长。

❀ **开花:** 夏秋 ☀ **日照:** 全日照 ◌ **水:** 耐干旱
🌿 **繁殖:** 叶插、砍头 🐛 **病虫害:** 较少

夏型种

乒乓福娘 *Cotyledon orbiculata* var. *dinteri* 'Pingpang'

特征: 多年生肉质植物。**原产地:** 栽培品种。**叶:** 卵圆形至宽的扁棒形,形似乒乓球板,对生,肉质,灰绿色,面被白粉。**花:** 红色或淡红黄色。**个性养护:** 遇强光须遮阴,春夏浇水,秋冬保持干燥。

❀ **开花:** 春夏 ☀ **日照:** 全日照 ◌ **水:** 耐干旱
🌿 **繁殖:** 叶插、砍头 🐛 **病虫害:** 较少

💰 参考价: 9~15 元 / 件

💰 参考价: 4~8 元 / 件

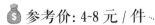

中间型种

黏黏虫 *Cotyledon eliseae*

特征: 多年生肉质灌木。**原产地:** 南非。**叶:** 叶片容易分泌黏性物质,叶尖不明显,叶缘有红边,叶片中间厚四周薄。**花:** 红色或淡红黄色。**个性养护:** 生长期需要充足光照,夏季需要适当遮阴,摆放在通风处。但遮阴时间不宜过长,否则茎节徒长。春秋适当浇水,夏冬保持干燥。

✿ **开花:** 夏秋 ☀ **日照:** 全日照 💧 **水:** 耐干旱
✿ **繁殖:** 叶插、砍头 🐛 **病虫害:** 较少

中间型种

银波锦 *Cotyledon undulata*

特征: 多年生肉质灌木。**原产地:** 南非。**叶:** 卵形,绿色,密被白色蜡质,顶端扁平,波状。**花:** 花筒状,橙色或淡红黄色。**个性养护:** 耐干旱。生长期保持盆土稍湿润,不需多浇水;夏季向周围喷雾;冬季保持干燥。老株应经常修剪,压低株形,4~5年后需重新扦插更新。

✿ **开花:** 夏秋 ☀ **日照:** 全日照 💧 **水:** 耐干旱
✿ **繁殖:** 叶插、砍头 🐛 **病虫害:** 较少

💰 参考价: 9-12 元 / 件

💰 参考价: 2-5 元 / 件

中间型种

轮回 *Cotyledon orbiculata*

特征: 多年生肉质灌木。**原产地:** 南非。**叶:** 卵圆形,具小尖,对生,叶面被灰白粉,叶缘红色。**花:** 红黄色。**个性养护:** 夏季遇强光须遮阴。当株高20厘米时,须摘心,促使多分枝。

✿ **开花:** 夏秋 ☀ **日照:** 全日照 💧 **水:** 耐干旱
✿ **繁殖:** 叶插、砍头 🐛 **病虫害:** 较少

莲花掌属
Aeonium

莲花掌属约有30种。为常绿多年生肉质植物，少数为二年生。叶片繁盛，排列成莲座状。顶生聚伞花序、圆锥花序或总状花序，花星状，花径8~15毫米。有些种类开花结实后植株死亡。

属种习性

 原产于大西洋的加那利群岛，非洲、北美和地中海地区。喜温暖、干燥和阳光充足环境。不耐寒，耐干旱和半阴，怕高温和多湿，忌强光。宜肥沃、疏松和排水良好的砂质壤土。生长期适度浇水，必须待土壤干燥后再浇水。

栽前准备

 入户处理 刚买回的盆栽植株摆放在有纱帘的窗台或阳台，不要摆放在过于遮阴和通风差的场所。网购回来的多肉要提前修根，修完后要在通风处晾干再上盆。上盆2~3天后，适度浇水，盆土保持稍湿润。

栽培基质 盆土用腐叶土、培养土和粗沙的混合土，加少量骨粉。准备陶粒，避免土壤从盆底的孔洞漏出。还有铺面石，对多肉有固定作用。

 花器 单头多肉一般用直径10~12厘米的盆，组合多肉一般用15~20厘米的盆。如果有条件，可以选择透气、透水性好的陶盆。夏季不用使用黑色的盆器。

摆放 盆栽布置于窗台、阳台一角或点缀客厅、餐室或卧室，显得清新悦目。

新人四季养护

春秋季生长期盆土保持湿润，但浇水不宜多，切忌积水和雨淋，如湿度大、光线不足，叶片易徒长，影响株态。夏季高温时会进入休眠期，要保持环境半阴、通风，少浇水，多喷水，保持较高的空气湿度。冬季要求阳光充足，温度不宜过高，以6~10℃最好，盆土保持干燥。盆栽2~3年需重新扦插更新。

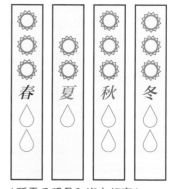

（所需日照量和浇水频率）

爱染锦

清盛锦

选购要领

网购回来的裸根多肉要求叶片多，肥厚，排列紧密，无枯叶，无缺损，无病虫危害。花市选购盆栽多肉植株时，要求植株健壮、端正，叶片呈莲座状排列，株高不超过10厘米。已经开花的植株建议不要购买，植株开始老化，结实后易死亡。

黑法师

热销品种

山地玫瑰 *Aeonium aureum*

黑法师 *Aeonium arboreum* var. *atropurpureum*

小人祭 *Aeonium sedifolium*

清盛锦 *Aeonium decorum* 'Variegata'

栽培管理

 换盆 每年早春换盆。春季换盆时，剪除植株基部枯叶和过长的须根。

 施肥 每月施肥1次，若施肥过多，会引起叶片徒长，植株容易老化。

 病虫害防治 有叶斑病和锈病危害，可用50%萎锈灵可湿性粉剂2 000倍液喷洒。虫害有粉虱和黑象甲危害，用40%氧化乐果乳油1 000倍液喷杀。

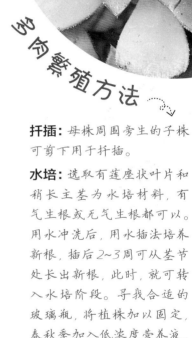

多肉繁殖方法

扦插： 母株周围旁生的子株可剪下用于扦插。

水培： 选取有莲座状叶片和稍长主茎为水培材料，有气生根或无气生根都可以。用水冲洗后，用水插法培养新根，插后2~3周可从茎节处长出新根，此时，就可转入水培阶段。寻找合适的玻璃瓶，将植株加以固定，春秋季加入低浓度营养液，夏冬季可用清水莳养。

山地玫瑰

夏型种

黑法师 *Aeonium arboreum*
var. *atropurpureum*

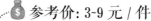

$ 参考价: 3~9 元 / 件

特征: 多直立的肉质亚灌木。**原产地:** 摩洛哥。**叶:** 倒卵形,紫黑色,叶缘细齿状,排列紧密成莲座状。**花:** 圆锥花序,黄色。**个性养护:** 切忌积水和雨淋,如湿度大、光线不足,叶片易徒长。养护1年以上的黑法师,在阳光充足和通风良好的环境下,会自然生长成多头植株,更具观赏性。

❀ **开花:**春 ☀ **日照:**全日照 ◊ **水:**耐干旱

✿ **繁殖:**扦插 ● **病虫害:**较少

$ 参考价: 4~9 元 / 件

冬型种

紫羊绒

Aeonium arboreum 'Velour'

特征: 多年生肉质植物。**原产地:** 栽培品种。**叶:** 紫黑色,叶片带有蜡质质感,有茸毛。**花:** 聚伞花序,花浅黄色。**个性养护:** 喜光,遇强光须遮阴,春夏浇水,秋冬保持干燥。

❀ **开花:**春夏 ☀ **日照:**全日照 ◊ **水:**耐干旱

✿ **繁殖:**叶插、砍头 ● **病虫害:**较少

夏型种

小人祭 *Aeonium sedifolium*

特征: 多年生肉质植物。**原产地:** 加那利群岛。**叶:** 叶片容易分泌黏性物质,黄色,叶缘和中线为红色。**花:** 总状花序,黄色。**个性养护:** 对光照需求较高,对水分需求不高。冬季不太耐寒,夏季进入休眠期要控制浇水,注意遮阴、通风。

❀ **开花:**春 ☀ **日照:**全日照 ◊ **水:**耐干旱

✿ **繁殖:**叶插、分株 ● **病虫害:**较少

$ 参考价: 3~6 元 / 件

💰 **参考价：2-5 元 / 件**

夏型种

清盛锦

Aeonium decorum 'Variegata'

特征：多年生肉质植物。**原产地：**栽培品种。
叶：倒卵圆形，呈莲座状排列，新叶杏黄色，后转为绿色，叶缘红色。**花：**总状花序，生于莲座叶丛中心，花白色。**个性养护：**夏季高温和冬季室温低时，浇水不宜多，盆土保持稍干燥。

🌼 **开花：**夏 ☀ **日照：**明亮光照 💧**水：**耐干旱
🌸 **繁殖：**叶插 🐚**病虫害：**较少

夏型种

艳日伞

Aeonium arboretum 'Variegata'

特征：多年生肉质植物。**原产地：**栽培品种。
叶：匙形，浅绿色，叶面具淡黄色斑纹。**花：**圆锥花序，花序长30厘米，花亮黄色。**个性养护：**喜阳光充足，但光线不宜过强，否则斑纹不明显。夏季强光时注意遮阴和通风，生长期可适度浇水，多喷水。

🌼 **开花：**春 ☀ **日照：**明亮光照 💧**水：**耐干旱
🌸 **繁殖：**叶插 🐚**病虫害：**较少

💰 **参考价：2-5 元 / 件**

💰 **参考价：4-7 元 / 件**

夏型种

爱染锦

Aeonium domesticum 'Variegata'

特征：多年生肉质植物。**原产地：**栽培品种。
叶：匙形，浅绿色，镶嵌白色斑纹，长8~10厘米。**花：**圆锥花序，黄色。**个性养护：**夏季强光时注意遮阴，生长期可适度浇水。

🌼 **开花：**春 ☀ **日照：**全日照 💧**水：**耐干旱
🌸 **繁殖：**叶插 🐚**病虫害：**较少

伽蓝菜属
Kalanchoe

伽蓝菜属约有130种。包括一二年生和多年生肉质灌木、藤本和小乔木。通常茎肉质，叶轮生或交互对生，光滑或有毛，全缘或有缺刻。圆锥花序，花钟状、坛状或管状，4浅裂。

属种习性

 原产于亚洲、非洲中南部及马达加斯加、美洲热带的半沙漠或多荫地区以及阿拉伯半岛、苏丹、也门、澳大利亚。喜温暖、干燥和阳光充足环境。不耐寒，冬季温度不低于10℃。耐干旱，不耐水湿。宜肥沃、疏松和排水良好的砂质壤土。

栽前准备

 入户处理 刚网购回来的裸根多肉要仔细检查叶片、根系间有没有虫子和虫卵，伽蓝菜属多肉叶片较多，虫子等藏匿较为隐蔽。要提前将发现的虫卵等处理掉，避免将虫害传播给其他多肉。上盆后浇水不宜过多，保持盆土稍干燥。

 栽培基质 盆土用腐叶土、培养土和粗沙的混合土。

 花器 单头多肉一般用直径12~15厘米的盆，组合多肉一般用15~20厘米的盆。部分株型较大的品种可以选用比植株稍大的盆，小型植株可以选用造型美观的瓷盆.

 摆放 盆栽置于窗台、案头或书桌，显得活泼、可爱。

新人四季养护

春季生长期每周浇水1次，要充足阳光，盆土过干或过湿，均会引起基部叶片萎缩脱落。夏季高温时会进入休眠期，要适当遮阴，减少浇水，可向植株周围喷雾，切忌向叶面喷雾。秋季每2~3周浇水1次，保持盆土稍湿润，每月施肥1次。冬季要求阳光充足，温度不宜过高，盆土保持干燥，停止施肥。

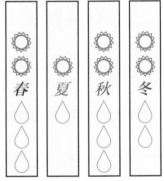

（所需日照量和浇水频率）

唐印

玉吊钟

选购要领

网购的伽蓝菜属多肉要求叶片肉质、肥厚，无缺损，无病虫危害。在花市选购盆栽植株时，要求植株矮壮、分枝多，轻碰叶片不掉落，部分种类株高不超过20厘米。

黑兔耳

热销品种

不死鸟 *Kalanchoe daigremontiana*
棒叶不死鸟 *Kalanchoe delagoensis*
江户紫 *Kalanchoe marmorata*
福兔耳 *Kalanchoe eriophylla*

栽培管理

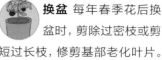 **换盆** 每年春季花后换盆时，剪除过密枝或剪短过长枝，修剪基部老化叶片。盆栽3~4年后需重新扦插更新。

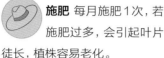 **施肥** 每月施肥1次，若施肥过多，会引起叶片徒长，植株容易老化。

 病虫害防治 有时发生萎蔫病和叶斑病，可用克菌丹800倍液喷洒。室内通风差，常发生介壳虫和粉虱危害，可用40%氧化乐果乳油1 000倍液喷杀。

多肉繁殖方法

扦插： 生长期剪取成熟的顶端枝，待剪口晾干后插入沙床，8~10天生根，再经1周后即可盆栽。

叶插： 平铺或斜插于沙床，喷雾保湿，插后10~15天生根，待叶片基部长出不定芽，形成幼株时上盆。

长寿花

江户紫

白姬之舞

夏型种

不死鸟 *Kalanchoe daigremontiana*

特征: 多年生肉质植物。**原产地:** 马达加斯加。**叶:** 披针形,肉质,绿色,具淡红褐色斑点,边缘呈锯齿状,着生不定芽。**花:** 聚伞状圆锥花序,花宽钟形,下垂,淡灰紫色。**个性养护:** 夏季强光时注意遮阴,生长期可适度浇水,平时少搬动,以防叶边"小蝴蝶"掉落。

💮 **开花:** 冬 ☀ **日照:** 全日照 💧 **水:** 耐干旱

🌸 **繁殖:** 叶插、分株 🦠 **病虫害:** 叶斑病

💰 **参考价:** 1.5~4 元 / 件

💰 **参考价:** 12-15 元 / 件

夏型种

不死鸟锦 *Kalanchoe daigremontiana* 'Variegata'

特征: 多年生肉质植物。**原产地:** 栽培品种。**叶:** 披针形至长椭圆形,肉质肥厚,绿色至淡黄色、粉蓝色、粉红色,小苗叶缘红色。**花:** 圆锥花序,花管状,下垂,浅灰紫色。**个性养护:** 不耐寒,喜温暖和明亮光照,繁殖必须用扦插繁殖。

💮 **开花:** 冬 ☀ **日照:** 明亮光照 💧 **水:** 耐干旱

🌸 **繁殖:** 叶插、分株 🦠 **病虫害:** 较少

冬型种

棒叶不死鸟

Kalanchoe delagoensis

特征: 多年生肉质植物。**原产地:** 马达加斯加。**叶:** 柱状,长15厘米,表面有凹沟及绿色斑纹,齿间生不定芽。**花:** 吊钟形,橙红色,长2厘米。**个性养护:** 生长期浇水稍多,保持盆土湿润,不能积水。生长较快,茎叶过高时,可摘心压低株型。

💮 **开花:** 冬春 ☀ **日照:** 全日照 💧 **水:** 耐干旱

🌸 **繁殖:** 叶插、分株 🦠 **病虫害:** 较少

💰 **参考价:** 2-7 元 / 件

💰 参考价: 5 元 / 件

夏型种

江户紫 *Kalanchoe marmorata*

特征: 多年生肉质植物。**原产地:** 苏丹、叙利亚。**叶:** 倒卵形，肉质，叶缘浅波状，叶面灰绿色，具有大的紫褐色斑点。**花:** 聚伞状圆锥花序，花窄管状，直立，白色，也有粉红或黄晕。**个性养护:** 对光线较名感阳光下叶色更美，光线不足，叶色暗淡，光线太强，叶尖易枯萎。

❀ **开花:**春 ☀ **日照:**全日照 💧 **水:**耐干旱
✿ **繁殖:**叶插、分株 ● **病虫害:**较少

夏型种

玉吊钟 *Kalanchoe fedtschenkoi* 'Rusy Dawn'

特征: 多年生肉质植物。**原产地:** 栽培品种。**叶:** 交互对生，叶片肉质扁平，卵形，边缘有齿，蓝色或灰绿色，上有不规则乳白红、黄色斑纹。**花:** 聚伞花序，花小橙红色。**个性养护:** 如在遮阴处，则茎叶易徒长，节间不紧凑。

❀ **开花:**夏 ☀ **日照:**全日照 💧 **水:**耐干旱
✿ **繁殖:**叶插、分株 ● **病虫害:**介壳虫

💰 参考价: 2-5 元 / 件

💰 参考价: 1.5-4 元 / 件

夏型种

费氏伽蓝菜
Kalanchoe figuereidoi

特征: 多年生肉质植物。**原产地:** 南非。**叶:** 直立，倒卵形，灰白色，表面具不规则红色横条斑。**花:** 橙红色。**个性养护:** 盆土保持稍湿润，夏季高温和冬季室温不高时，要严格控制浇水，以免盆土湿度过高，引起基部茎叶变黄腐烂。

❀ **开花:**春 ☀ **日照:**全日照 💧 **水:**耐干旱
✿ **繁殖:**叶插、砍头 ● **病虫害:**较少

夏型种

福兔耳 *Kalanchoe eriophylla*

特征: 多年生肉质植物。**原产地:** 墨西哥。
叶: 长梭形,整个叶片及茎干密布白色茸毛,
很像兔子的长耳朵。叶片顶端微金黄,叶尖
圆形。**花:** 小花管状,向上开放,粉白色。**个**
性养护: 保证充足的阳光,才能枝叶紧凑,茎
秆矮壮,否则株形疏散,但要避免烈日暴晒。

❀ **开花:**夏 ☀ **日照:**全日照 💧 **水:**耐干旱
🌸 **繁殖:**叶插、砍头 🔴 **病虫害:**较少

💰 **参考价:** 2~18 元 / 件

💰 **参考价:** 5 元 / 件

夏型种

梅兔耳 *Kalanchoe beharensis*

特征: 多年生肉质植物。**原产地:** 马达加斯
加。**叶:** 宽三角形至披针形,边缘有锯齿,
长35厘米,有长柄,叶面具银色或金黄色毛。
花: 聚伞状圆锥花序,花黄绿色。**个性养护:**
夏季适当遮阴,但过于遮阴会使茎叶徒长、
柔弱,茸毛缺乏光泽。

❀ **开花:**冬 ☀ **日照:**全日照 💧 **水:**耐干旱
🌸 **繁殖:**叶插、砍头 🔴 **病虫害:**较少

夏型种

千兔耳 *Kalanchoe millotii*

特征: 多年生肉质植物。**原产地:** 马达加斯
加。**叶:** 三角形至菱形,肉质,青绿色,叶面
密布白色短茸毛,叶缘有缺口。**花:** 圆锥花
序,花钟状,黄绿色。**个性养护:** 生长期需
光照充足,夏季须遮阴并放通风凉爽处。生
长期不需多浇水,冬季保持干燥,浇水不要
洒到叶面上。

❀ **开花:**春 ☀ **日照:**全日照 💧 **水:**耐干旱
🌸 **繁殖:**叶插、分株 🔴 **病虫害:**粉虱

💰 **参考价:** 2.5~5 元 / 件

💰 **参考价**: 9~15 元 / 件

中间型种

唐印 *Kalanchoe thyrsiflora*

特征: 多年生肉质植物。**原产地**: 南非。**叶**: 卵形至披针形，浅绿色，具白霜，边缘红色，长 10~15 厘米。**花**: 聚伞状圆锥花序，直立至展开，花管状至坛状，黄色。**个性养护**: 盛夏和冬季须严格控制浇水，冬季在充足光照和较大温差下叶片会逐渐变红。

🌼 **开花**:春 ☀ **日照**:全日照 💧 **水**:耐干旱

🌸 **繁殖**:叶插、分株 🦠 **病虫害**:较少

中间型种

扇雀 *Kalanchoe rhombopilosa*

特征: 多年生肉质植物。**原产地**: 马达加斯加。**叶**: 叶片基部楔形，上部三角状扇形，顶端叶缘浅波状，叶面灰绿色，具紫色斑点。**花**: 圆锥花序，花小，筒状，黄绿色，中肋红色。**个性养护**: 除夏季适当遮阴外，其他季节都需充足光照，才能保证叶片斑点清晰，白粉明显。

🌼 **开花**:春 ☀ **日照**:全日照 💧 **水**:耐干旱

🌸 **繁殖**:叶插、分株 🦠 **病虫害**:较少

💰 **参考价**: 12~22 元 / 件

💰 **参考价**: 9 元 / 件

夏型种

朱莲

Kalanchoe longiflora var. *coccinea*

特征: 多年生肉质植物。**原产地**: 南非。**叶**: 椭圆形，叶面光滑，边缘浅波状，较大的温差会使叶片变为红色。**花**: 像聚伞花序的圆锥花序，花钟状，黄绿色。**个性养护**: 宜摆放朝南的阳台，浇水时切忌向叶面喷洒。

🌼 **开花**:春秋 ☀ **日照**:全日照 💧 **水**:耐干旱

🌸 **繁殖**:叶插 🦠 **病虫害**:较少

青锁龙属
Crassula

青锁龙属约有150种。包括一年生、多年生肉质植物,常绿肉质灌木和亚灌木。通常叶片肉质,呈莲座状,但形状、大小和质地变化较大。

属种习性

 原产于非洲、马达加斯加、亚洲的干旱地区至湿地、高山至低地,但大多数分布在南非。喜温暖、干燥和半阴环境。不耐寒,冬季温度不低于5℃。耐干旱,怕积水,忌强光。宜肥沃、疏松和排水良好的砂质壤土。

栽前准备

入户处理 刚网购回来的裸根多肉一般是用卫生纸或棉花将根系包裹好,拆装的时候要小心,不能损伤植株。运输途中出现的叶片脱落现象也不用担心,可将脱落的叶片晾干处理后叶插生根。

 栽培基质 盆土用肥沃园土和粗沙的混合土,加少量骨粉。准备陶粒,避免土壤从盆底的孔洞漏出。还有铺面石,对多肉有固定作用。

 花器 单头多肉一般用直径12~15厘米的盆,组合多肉一般用15~20厘米的盆。

摆放 用于点缀窗台、书桌或茶几,青翠典雅,十分诱人。

新人四季养护

春秋季生长期每周浇水1次,浇水时不要直接浇灌叶面,保持盆土湿润,但不能过湿。每月施肥1次,切忌沾污叶面。夏季高温时,要适当遮阴,减少浇水,空气干燥时,可向叶面喷雾,增加空气湿度。冬季要求阳光充足,温度不宜低于5℃,进入半休眠后,盆土保持干燥,停止施肥。

春	夏	秋	冬

(所需日照量和浇水频率)

绒针

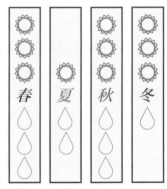

火祭

选购要领

网购的多肉要求叶片肥厚，无缺损和伤痕，无病虫害。在花市上选购青锁龙属盆栽植株时，要求植株矮壮、端正，叶肉质，株高不超过20厘米。一般不选购开花植株，因其一是株形大，二是植株开花后容易老化。

火祭

热销品种

火祭 *Crassula capitella* 'Campfire'
星王子 *Crassula conjunct*
茜之塔 *Crassula tabularis*
花月 *Crassula ovata*
绒针 *Crassula mesembryanthoides*
巴 *Crassula hemisphaerica*
小天狗 *Crassula nudicaulis*

栽培管理

 换盆 每年早春换盆。植株生长过高时，进行修剪或摘心，压低株形，剪下的顶端枝用于扦插繁殖。

 施肥 每月施肥1次，用稀释饼肥水。冬季不施肥。

病虫害防治 主要防治炭疽病和叶斑病危害，发病初期用70%甲基托布津可湿性粉剂1 000倍液喷洒。室内通风差时，茎叶易受介壳虫危害，发生虫害时用40%氧化乐果乳油1 000倍液喷杀。

多肉繁殖方法

扦插： 剪取充实的顶端茎叶，长3~4厘米，插入沙床，保持适温18~20℃，待长出新叶时盆栽。

叶插： 剪取成熟、充实叶片，摆放在潮湿的沙面上，待长出新枝后盆栽。

黄金花月

茜之塔

夏型种

星王子 *Crassula conjunct*

特征: 多年生肉质植物。**原产地:** 南非。**叶:** 叶片基部大，逐渐变小，类似宝塔。**花:** 聚伞花序，小花粉色。**个性养护:** 生长期光照不足或光线过弱，都会使叶片间距变大，需及时移至阳光充足处恢复。

☀ **开花:** 春 ☀ **日照:** 稍耐阴 💧 **水:** 耐干旱

🌸 **繁殖:** 扦插 🔴 **病虫害:** 较少

💰 **参考价:** 2~5 元 / 件

💰 **参考价:** 6~8 元 / 件

冬型种

茜之塔 *Crassula tabularis*

特征: 多年生肉质植物。**原产地:** 南非。**叶:** 叶片无柄，对生，长三角形，叶密排成4列，由基部向上渐趋变小，堆砌呈塔形，深绿色，冬季阳光下呈橙红色。**花:** 聚伞花序，花小，白色。**个性养护:** 夏季高温强光时适当遮阴，但时间不能长，否则影响叶色和光泽。生长过密时，要注意疏剪分盆。

☀ **开花:** 秋 ☀ **日照:** 稍耐阴 💧 **水:** 耐干旱

🌸 **繁殖:** 扦插 🔴 **病虫害:** 介壳虫

夏型种

小米星

Crassula rupestris 'Tom Thumb'

特征: 多年生肉质植物。**原产地:** 栽培品种。**叶:** 叶片较小，卵圆状三角形，叶缘稍具红色，十字形上下交叠，成叶上下有少许间隔。**花:** 小花白色，五角星状，花开成簇。**个性养护:** 夏季可以不遮阴，适当控制浇水，通风良好即可度夏。

☀ **开花:** 春 ☀ **日照:** 全日照 💧 **水:** 耐干旱

🌸 **繁殖:** 扦插、叶插 🔴 **病虫害:** 较少

💰 **参考价:** 3.5~8 元 / 件

💰 参考价: 2.5~5 元 / 件

夏型种

花月 *Crassula argentea*

特征: 多年生肉质灌木。**原产地:** 南非。**叶:** 倒卵形,尖头,肉质,交互对生,光滑,中绿色,有时具红边,长2~4厘米。**花:** 星状,白或浅粉色。**个性养护:** 植株强健粗壮,需经常修剪,保持优美株形。生长期保持盆土湿润,冬季保持干燥。切忌积水。

🌸 开花:秋 ☀ 日照:稍耐阴 💧 水:耐干旱
🌺 繁殖:扦插、叶插 🦠 病虫害:较少

中间型种

绒针 *Crassula mesembryanthoides*

特征: 多年生肉质植物。**原产地:** 南非。**叶:** 长卵圆形,头尖,绿色,密被白色茸毛。**花:** 聚伞花序,花白色。**个性养护:** 喜阳光充足,春秋季叶色会变红,夏季高温休眠时,盆土保持干燥。冬季保持室温5℃以上,可持续生长。对水分要求不多,切忌水湿,否则易发生病害。

🌸 开花:春 ☀ 日照:稍耐阴 💧 水:耐干旱
🌺 繁殖:扦插、叶插 🦠 病虫害:较少

💰 参考价: 2~5 元 / 件

💰 参考价: 6-10 元 / 件

冬型种

巴 *Crassula hemisphaerica*

特征: 多年生肉质植物。**原产地:** 南非。**叶:** 叶片半圆形,末端渐尖如桃形,灰绿色,交互对生,上下叠接呈十字形排列,全缘,具白色纤毛。**花:** 管状,白色。**个性养护:** 生长期保持盆土湿润,冬季保持干燥,切忌积水。

🌸 开花:春 ☀ 日照:稍耐阴 💧 水:耐干旱
🌺 繁殖:扦插、叶插 🦠 病虫害:炭疽病

$ 参考价: 6-10 元 / 件

夏型种

纪之川 *Crassula 'Moorglow'*

特征: 多年生肉质植物。**原产地:** 栽培品种。
叶: 三角形,交互对生,肉质,呈方塔形,灰绿色,被稠密茸毛。**花:** 花筒状,淡黄或粉红色。**个性养护:** 每年春季换盆,生长期保持盆土潮气即可。夏季高温时,没有明显休眠状态,但浇水不宜多,保持通风。冬季室温10℃以上,茎叶能继续生长,但速度减慢。

❀ **开花:**春 ☀ **日照:**稍耐阴 ◇ **水:**耐干旱
❀ **繁殖:**扦插、叶插 ● **病虫害:**较少

$ 参考价: 1.5-3 元 / 件

夏型种

青锁龙 *Crassula lycopodioides*
var. *pseudolycopodioides*

特征: 多年生肉质植物。**原产地:** 南非。**叶:**
鳞片状,小而紧密排成4列,三角状卵形,中绿色,具黄色、灰色或棕色晕。**花:** 花小,筒状,淡黄绿色。**个性养护:** 室外摆放时,要避免大雨冲淋,否则根部易受损,枝条变黄腐烂。

❀ **开花:**春 ☀ **日照:**稍耐阴 ◇ **水:**耐干旱
❀ **繁殖:**扦插、叶插 ● **病虫害:**红蜘蛛

$ 参考价: 5-10 元 / 件

夏型种

小天狗 *Crassula nudicaulis*

特征: 多年生肉质植物。**原产地:** 南非。**叶:**
长卵圆形,稍扁平,绿色,边缘红色。**花:** 聚伞花序,白色。**个性养护:** 夏季高温植株处于休眠状态,减少浇水。植株易长高,注意修剪,保持优美株形。

❀ **开花:**春 ☀ **日照:**稍耐阴 ◇ **水:**耐干旱
❀ **繁殖:**扦插、叶插 ● **病虫害:**较少

💰 **参考价:** 1-4 元 / 件

夏型种

十字星锦

Crassula perforata 'Variegata'

特征: 多年生肉质植物。**原产地:** 栽培品种。
叶: 叶边缘有黄色宽斑,形成绿色十字形。
花: 筒状,淡黄或粉红色。**个性养护:** 春秋季,温差较大和阳光充足时,叶由绿转红。此时保持盆土稍潮湿,冬季保持盆土干燥。

✿ **开花:** 春 ☀ **日照:** 稍耐阴 💧 **水:** 耐干旱
❀ **繁殖:** 扦插、叶插 🌑 **病虫害:** 较少

夏型种

神童 *Crassula* 'Shentong'

特征: 多年生肉质植物。**原产地:** 栽培品种。
叶: 交互对生,三角形,肉质,全缘,呈塔形,深绿色。**花:** 花筒状,粉红色。**个性养护:**
春秋季生长期盆土保持稍湿,其他时间减少浇水,保持干燥。夏季强光时适当遮阴

✿ **开花:** 春 ☀ **日照:** 稍耐阴 💧 **水:** 耐干旱
❀ **繁殖:** 扦插、叶插 🌑 **病虫害:** 较少

💰 **参考价:** 3-8 元 / 件

💰 **参考价:** 2.5 元 / 件

夏型种

赤鬼城 *Crassula fusca*

特征: 多年生肉质植物。**原产地:** 南非。**叶:**
纺锤形,叶片初时青绿色,生长一段时间后叶尖粉绿色或黄白色。**花:** 聚伞花序,花星状,黄色。**个性养护:** 生长期每周浇水1次,但避免盆土过湿,茎节伸长,影响植株造型。夏季高温要遮阴,放置在通风的地方。冬季处半休眠状态,盆土保持干燥。

✿ **开花:** 春 ☀ **日照:** 稍耐阴 💧 **水:** 耐干旱
❀ **繁殖:** 扦插、叶插 🌑 **病虫害:** 较少

冬型种

半球星乙女 *Crassula brevifolia*

特征: 多年生肉质植物。**原产地:** 南非。**叶:** 卵圆状三角形,肉质,交互对生,叶面平展,背面似半球形,灰绿色,无叶柄,幼叶上下叠生。**花:** 筒状,花小,白色或黄色。**个性养护:** 梅雨季和高温季每周浇水1~2次即可。

❀ **开花:**春 ☀ **日照:**稍耐阴 ◌ **水:**耐干旱
❀ **繁殖:**扦插、叶插 ● **病虫害:**较少

💰 **参考价:** 5-8 元 / 件

💰 **参考价:** 8-12 元 / 件

夏型种

绿塔 *Crassula pyramidalis*

特征: 多年生肉质植物。**原产地:** 南非。**叶:** 肉质叶4棱,排列紧密,植株呈塔形,有分枝,中绿色。**花:** 白色。**个性养护:** 春秋季生长期盆土保持稍湿,其他时间保持干燥。夏季强光时适当遮阴。较易群生,生长过密时要注意疏剪分盆。开花后适当减少浇水。花后及时剪去残花和花茎,以保存养分。

❀ **开花:**秋 ☀ **日照:**稍耐阴 ◌ **水:**耐干旱
❀ **繁殖:**扦插、叶插 ● **病虫害:**较少

夏型种

大卫 *Crassula lanuginose* var. *pachystemon*

特征: 多年生肉质植物。**原产地:** 南非。**叶:** 叶片宽卵圆形,叶缘密集着生白毛,像眼睛的睫毛。春秋季充足光照下,叶片紧凑,叶缘会变成橙红或红色。**花:** 白色。**个性养护:** 春秋季生长期不需要多浇水,保持干燥。夏季强光时适当遮阴。

❀ **开花:**春 ☀ **日照:**全日照 ◌ **水:**耐干旱
❀ **繁殖:**扦插、叶插 ● **病虫害:**较少

💰 **参考价:** 1-3 元 / 件

💰 参考价: 2~6 元 / 件

中间型种

若歌诗 *Crassula rogersii*

特征: 多年生肉质植物。**原产地:** 南非。**叶:**
对生, 扁平, 卵圆形, 绿色, 有小茸毛, 春秋季
叶片会变浅红色。**花:** 聚伞花序, 花白色。**个**
性养护: 夏季高温季节植株处于休眠状态, 盆
土保持稍湿即可。

❀ 开花:夏 ☀ 日照:稍耐阴 💧 水:耐干旱
🌸 繁殖:扦插、叶插 ● 病虫害:较少

夏型种

梦椿 *Crassula pubescens*

特征: 多年生肉质植物。**原产地:** 南非。**叶:**
圆柱状, 酱紫色, 布满白色短茸毛。**花:** 白色。
个性养护: 春秋季生长期盆土保持稍湿, 其
他时间减少浇水, 保持干燥。夏季强光时适
当遮阴, 加强通风。

❀ 开花:秋 ☀ 日照:稍耐阴 💧 水:耐干旱
🌸 繁殖:扦插、叶插 ● 病虫害:较少

💰 参考价: 12~22 元 / 件

💰 参考价: 9~18 元 / 件

夏型种

火星兔子

Crassula ausensis var. titanopsis

特征: 多年生肉质植物。**原产地:** 南非。**叶:**
披针形, 略向内合抱, 青绿色, 叶片密被白
色小疣点, 叶背的疣点更密, 叶尖红色。**花:**
花小, 白色。**个性养护:** 夏季高温植株处于
休眠状态, 减少浇水。植株易徒长, 注意修剪,
保持优美株形。

❀ 开花:春 ☀ 日照:稍耐阴 💧 水:耐干旱
🌸 繁殖:扦插、叶插 ● 病虫害:较少

冬型种

稚儿姿 *Crassula deceptor*

特征: 多年生肉质植物。**原产地:** 南非。
叶: 肉质肥厚,三角形,交互对生,呈4列,
柱状,浅灰绿色,长1.5厘米。**花:** 漏斗状,
白色至淡黄或粉红色。**个性养护:** 生长期不
需多浇水,保持土壤潮气即可。生长期不需
多浇水,保持土壤潮气即可。浇水时避免直
接浇灌叶面,以免残留水分在叶面,留下难
看痕迹。

❀ **开花:**春 ☀ **日照:**稍耐阴 ◌ **水:**耐干旱
✿ **繁殖:**扦插、叶插 ● **病虫害:**较少

💰 **参考价:** 9~18 元 / 件

💰 **参考价:** 3~5 元 / 件

冬型种

丛珊瑚 *Crassula 'Congshanhu'*

特征: 多年生肉质植物。**原产地:** 栽培品种。
叶: 互生,半圆形至卵圆形,肉质,灰绿色,
表面被细茸毛。**花:** 花小,筒状,红色。**个
性养护:** 生长期盆土保持稍湿润,浇水不宜
多。每月施肥1次,以薄肥为主,肥多,叶
片徒长,影响姿态。

❀ **开花:**春 ☀ **日照:**明亮光照 ◌ **水:**耐干旱
✿ **繁殖:**扦插、叶插 ● **病虫害:**较少

冬型种

梦巴

Crassula hemisphaerica 'Dream'

特征: 多年生肉质植物。**原产地:** 栽培品种。
叶: 半圆形,先端渐尖如桃形,密生深色小
疣突,黄绿色至粉红色,交互对生,边缘具
白色毫毛。**花:** 筒状,花小,淡黄绿色至白色。
个性养护: 生长期盆土保持湿润,不能过湿,
否则底叶易枯萎死亡。

❀ **开花:**春 ☀ **日照:**明亮光照 ◌ **水:**耐干旱
✿ **繁殖:**扦插、叶插 ● **病虫害:**较少

💰 **参考价:** 5~10 元 / 件

💰 参考价：10-15 元 / 件

冬型种

龙宫城

Crassula tecta × Crassula deceptor

特征：多年生肉质植物。**原产地：**栽培品种。
叶：卵圆三角形，交互对生，呈十字排列，两侧边缘稍内卷，灰绿色，表面密生白色细小疣点。**花：**筒状，粉红色。**个性养护：**夏季高温强光时适当遮阴，但时间不能长。

✿ 开花：春 ☀ 日照：稍耐阴 💧 水：耐干旱
❁ 繁殖：扦插、叶插 🐞 病虫害：较少

中间型种

钱串景天 *Crassula perforata*

特征：多年生肉质植物。**原产地：**南非。
叶：卵圆状三角形，肉质，交互对生，浅绿色，叶缘具红色，无叶柄，幼叶上下叠生，成年植株叶间稍有空隙。**花：**筒状，白色。**个性养护：**施肥不宜过多，以免茎叶徒长，严重影响观赏价值。

✿ 开花：春 ☀ 日照：稍耐阴 💧 水：耐干旱
❁ 繁殖：扦插、叶插 🐞 病虫害：较少

💰 参考价：3-9 元 / 件

💰 参考价：4.5-12 元 / 件

夏型种

三色花月锦

Crassula argentea 'Tricolor Jade'

特征：小型肉质灌木。**原产地：**栽培品种。
叶：卵圆形，肉质深绿色，嵌有红、黄、白三色斑纹。**花：**星状，白色。**个性养护：**夏季浇水不宜多，保持通风。植株有时会出现纯绿色的枝叶，及时修剪，保持优美株形。

✿ 开花：秋 ☀ 日照：稍耐阴 💧 水：耐干旱
❁ 繁殖：扦插、叶插 🐞 病虫害：较少

长生草属
Sempervivum

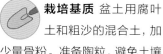

长生草属约有40种。叶片密集，丛生，为常绿的多年生肉质植物。通常叶片厚，呈莲座状轮生，有时叶面覆盖白色丝状或毫毛。圆锥花序状的聚伞花序，顶生花星状，有白、黄、红、紫等色。

属种习性

原产于欧洲和亚洲的山区。喜温暖、干燥和阳光充足环境。不耐严寒，冬季温度不低于5℃。耐干旱和半阴，忌水湿。宜肥沃、疏松和排水良好的砂质壤土。土壤过湿或浇水不当，易引起腐烂。冬季宜在温室中栽培。

栽前准备

 入户处理 从网上购买回来的裸根多肉由于运输的要求，植株会出现叶片干瘪的情况，这种情况在后期养护中会恢复。长生草属多肉下垂的叶片要适当清除，防止下垂的叶片枯死霉变。

 栽培基质 盆土用腐叶土和粗沙的混合土，加少量骨粉。准备陶粒，避免土壤从盆底的孔洞漏出。还有铺面石，对多肉有固定作用。

花器 单头多肉一般用直径10~12厘米的盆，组合多肉一般用12~20厘米的盆。

摆放 置于窗台、茶几或案头，美丽的莲座状叶片清新秀丽，使居室散发出吉祥喜悦的氛围。

新人四季养护

春秋季生长期每2周浇水1次，保持盆土湿润，切忌过度浇水。夏季高温时会进入休眠期，须保持通风和稍干燥，并适当遮阴。不宜多浇水，可向植株周围喷水，增加湿度。冬季要求阳光充足，室温不低于5℃，盆土保持干燥为好，停止施肥。

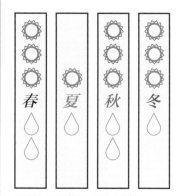

春　夏　秋　冬

（所需日照量和浇水频率）

观音莲

百惠

选购要领

网购回来的裸根多肉要求叶片无缺损，无黄叶，无病虫危害。在花市上选购盆栽植株时，要求植株健壮、端正，叶片多，叶片排列呈莲座状，肥厚，中绿色至红色，叶端生有白色短丝毛，株幅在 10 厘米左右。

卷绢

热销品种

观音莲 *Sempervivum tectorum*

红卷绢 *Sempervivum arachnoideum* 'Rubrum'

百惠 *Sempervivum calcareum* 'Jorden Oddifg'

山长生草 *Sempervivum montanum*

栽培管理

换盆 每2年换盆1次。换盆时，剪除叶盘基部的枯叶和过长的须根。

施肥 每月施肥1次，用稀释饼肥水。施肥过多易引起叶片徒长，植株容易老化。

病虫害防治 有叶斑病和锈病危害，发病初期用50%萎锈灵可湿性粉剂2 000倍液喷洒。虫害有粉虱和黑象甲危害，用40%氧化乐果乳油1 000倍液喷杀。

多肉繁殖方法

播种： 春季用室内盆播，播后不需覆土，筛一层石英砂，发芽适温20~22℃，播后10~12天发芽，幼苗生长慢。

扦插： 春秋季剪取叶盘基部的小芽插入沙床，插后2~3周生根，再经2周后移栽上盆。有的小叶盘下已有根，可直接盆栽。

大红卷绢

观音莲

夏型种
山长生草
Sempervivum montanum

特征: 多年生肉质植物。**原产地:** 欧洲。
叶: 倒卵形,肉质肥厚,呈莲座状,蓝绿色,叶端紫红色。**花:** 聚伞花序,花紫红色。**个性养护:** 夏季高温干燥时不宜多浇水,可向植株周围喷水,切忌向叶面喷水。

✿ **开花:**夏 ☀ **日照:**全日照 💧 **水:**耐干旱
🌸 **繁殖:**分株 🐛 **病虫害:**较少

💰 参考价: 15 元 / 件

💰 参考价: 3.5~5 元 / 件

夏型种
红卷绢 *Sempervivum arachnoideum* 'Rubrum'

特征: 多年生肉质植物。**原产地:** 栽培品种。
叶: 倒卵形,肉质,呈莲座状,中绿色至红色,叶端生有白色短丝毛。**花:** 聚伞花序,花淡粉红色。**个性养护:** 在春秋季冷凉且阳光充足的环境下,叶片由绿变为紫红色。冬季低温时,盆土仍以稍干燥为好。

✿ **开花:**夏 ☀ **日照:**全日照 💧 **水:**耐干旱
🌸 **繁殖:**分株 🐛 **病虫害:**较少

夏型种
卷绢 *Sempervivum arachnoideum*

特征: 多年生肉质植物。**原产地:** 欧洲。
叶: 倒卵形的肉质叶排列成莲座状,中绿至红色,叶尖顶端密被白毛,联结成蜘蛛网状。
花: 聚伞花序,花淡紫粉色。**个性养护:** 叶盘生长较慢,每2年换盆1次。浇水时,切忌向叶面网状物上喷水。施肥不宜多,否则植株易徒长,容易老化。

✿ **开花:**夏 ☀ **日照:**全日照 💧 **水:**耐干旱
🌸 **繁殖:**分株 🐛 **病虫害:**黑象甲

💰 参考价: 3~5 元 / 件

💰 参考价: 5-8 元 / 件

夏型种

百惠 *Sempervivum calcareum*

'Jorden Oddifg'

特征: 多年生肉质植物。**原产地:** 栽培品种。
叶: 管状,肉质肥厚,呈莲座状。叶片绿色,叶端有白色短丝毛。**花:** 聚伞花序,花淡紫粉色。**个性养护:** 避免盆土积水,以免造成烂根,但也不能过于干旱,否则植株生长缓慢,叶色暗淡。

✿ **开花:**夏 ☀ **日照:**全日照 💧 **水:**耐干旱
✿ **繁殖:**分株、扦插 🌰 **病虫害:**较少

夏型种

卷绢锦 *Sempervivum*
arachnoideum 'Variegata'

特征: 多年生肉质植物。**原产地:** 栽培品种。
叶: 倒卵形,呈莲座状排列,金黄色。**花:** 聚伞花序,花淡紫粉色。**个性养护:** 生长期盆土保持稍湿润,冬季保持干燥。喜明亮光照,也耐半阴,强光照射时要及时遮阴,否则叶片易灼伤。

✿ **开花:**夏 ☀ **日照:**明亮光照 💧 **水:**耐干旱
✿ **繁殖:**分株 🌰 **病虫害:**较少

💰 参考价: 3-5 元 / 件

💰 参考价: 3-5 元 / 件

夏型种

布朗

Sempervivum tectorum 'Braunii'

特征: 多年生肉质植物。**原产地:** 栽培品种。
叶: 倒卵形至窄长圆形,肉质肥厚,呈莲座状,蓝绿色,叶端紫红色并有白色茸毛。**花:** 聚伞花序,花淡紫粉色。**个性养护:** 平时浇水时,要避免浇灌到叶片上,否则会影响叶片美观。

✿ **开花:**夏 ☀ **日照:**全日照 💧 **水:**耐干旱
✿ **繁殖:**分株 🌰 **病虫害:**较少

厚叶草属
Pachyphytum

厚叶草属有12种以上。为莲座状的多肉植物。茎半直立,通常有分枝,成年植株呈匍匐状。通常叶互生,形状变化大,肉质,中绿、淡绿或灰绿色,被白霜。总状花序,昼开夜闭,花钟状。花期春季。

属种习性

原产于墨西哥的干旱地区。喜温暖和阳光充足环境。不耐寒,冬季温度不低于5℃。怕强光暴晒,生长期节适度浇水,其余时间保持干燥。

栽前准备

入户处理 厚叶草属大部分多肉叶片被白霜,网购回来的裸根多肉要注意叶片上的白霜有没有痕迹,在拆装、上盆过程中要使用镊子,避免直接用手指触碰叶片,留下难看的痕迹。

栽培基质 盆土用腐叶土或泥炭土和粗沙的混合土。

花器 单头多肉一般用直径12~15厘米的盆,可以选择排水性极佳的红陶盆和瓦盆。

摆放 厚叶草株形浑圆可爱,叶色青翠。盆栽点缀窗台、阳台、茶几和桌台,清新悦目,十分清秀典雅。

新人四季养护

喜明亮光照,也耐半阴,春秋季生长期每2月浇水1次,每6~8周施低氮素肥1次。保持盆土湿润,切忌积水。夏季高温时须保持通风和稍干燥,并适当遮阴,防止徒长,烂叶。不宜多浇水,可向植株周围喷水,增加湿度。冬季停止浇水,盆土保持干燥。盆土不宜过湿,否则肉质叶徒长,或容易腐烂。

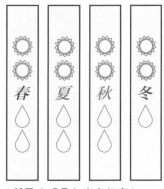

（所需日照量和浇水频率）

青星美人

千代田之松

选购要领

网购回来的裸根多肉要求叶片卵圆形，肥厚，淡绿色，表面被白霜，无缺损，无病虫危害。在市场上选购盆栽植株时，要求植株健壮、端正，呈莲座状，株幅不小于5厘米。

星美人

热销品种

桃美人 *Pachyphytum* 'Momobijin'

星美人 *Pachyphytum oviferum*

京美人 *Pachyphytum oviferum* 'Kyobijin'

紫丽殿 *Pachyphytum* 'Royal Flush'

栽培管理

换盆 每2年换盆1次，春季进行。换盆时，剪除植株基部萎缩的枯叶和过长的须根。操作时切忌用手触摸肉质叶，否则会留下指纹或出现明显触摸痕迹。

施肥 生长期每月施肥1次，用稀释饼肥水，施薄肥为好。

病虫害防治 由于叶片较大、较厚，很少有虫子侵蚀叶片。病害也较其他科属的多肉植物少，日常只要做好基础防护即可。

多肉繁殖方法

播种：春季播种，发芽温度19~24℃。

扦插：春夏季取茎或叶片扦插繁殖。

紫丽殿

星美人

冬型种

星美人 *Pachyphytum oviferum*

特征: 多年生肉质植物。**原产地:** 墨西哥。

叶: 倒卵球形,肉质,呈莲座状,淡绿色,被白霜。**花:** 总状花序,橙红色或淡绿黄色。

个性养护: 生长期每月浇水1次,保持盆土湿润。盆土过干时,基部叶片易枯萎脱落。但盆土也不能过湿,会导致根系腐烂。茎干木质化的老株适合造型盆栽观赏。

❀ **开花:**冬春 ☀ **日照:**全日照 ◌ **水:**耐干旱

✿ **繁殖:**叶插、砍头 ● **病虫害:**较少

💰 **参考价:** 2~4 元 / 件

💰 **参考价:** 2 元 / 件

冬型种

京美人

Pachyphytum oviferum 'Kyobijin'

特征: 多年生肉质植物。**原产地:** 栽培品种。

叶: 倒卵形至圆筒形,肉质,肥厚,集生于茎干,灰绿色至青绿色,被白霜,叶端和叶缘呈红晕。**花:** 总状花序,钟形,浅红色。

个性养护: 生长期盆土保持稍湿润,切忌积水。光照充足时,叶色鲜艳,有光泽。

❀ **开花:**春 ☀ **日照:**全日照 ◌ **水:**耐干旱

✿ **繁殖:**叶插、砍头 ● **病虫害:**较少

冬型种

青星美人

Pachyphytum 'Dr. Cornelius'

特征: 多年生肉质植物。**原产地:** 栽培品种。

叶: 长匙形,肉质,肥厚,绿色,被白霜,叶端具红点。**花:** 总状花序,花钟形,浅红色。

个性养护: 生长期盆土保持稍湿,过湿植株易徒长,影响株态。在明亮光照下植株色彩鲜艳有光泽。

❀ **开花:**春 ☀ **日照:**全日照 ◌ **水:**耐干旱

✿ **繁殖:**叶插、砍头 ● **病虫害:**较少

💰 **参考价:** 2~4.5 元 / 件

💰 参考价: 2-4 元 / 件

冬型种

紫丽殿

Pachyphytum 'Royal Flush'

特征: 多年生肉质植物。**原产地:** 栽培品种。
叶: 对生,肉质,椭圆形,呈莲座状排列,绿褐色,光照充足时叶片边缘会变红色。**花:** 聚伞花序,白色。**个性养护:** 生长期需要充足光照,浇水时切忌淋洒叶面,会留下难看的痕迹。

❀ **开花:**春夏 ☀ **日照:**全日照 💧 **水:**耐干旱
✿ **繁殖:**叶插、砍头 🔴 **病虫害:**较少

冬型种

千代田之松

Pachyphytum compactum

特征: 多年生肉质植物。**原产地:** 墨西哥。
叶: 长圆形至披针形,呈螺旋状向上排列,深绿色,被白霜,先端渐尖,边缘具圆角,有时具紫红色晕,似有棱。**花:** 总状花序,钟状,橙红色,顶端蓝色。**个性养护:** 较喜肥,冬季停止浇水,保持盆土干燥。

❀ **开花:**春 ☀ **日照:**全日照 💧 **水:**耐干旱
✿ **繁殖:**叶插、砍头 🔴 **病虫害:**较少

💰 参考价: 2-5 元 / 件

💰 参考价: 6-12 元 / 件

冬型种

三日月美人 *Pachyphytum oviferum* 'Mikadukibijin'

特征: 多年生肉质植物。**原产地:** 栽培品种。
叶: 卵形,叶扁,具不明显的短叶尖,少被白色蜡质涂层有透明感。**花:** 花倒钟形,猩红色。**个性养护:** 夏季高温时需要注意遮阴、通风,保持盆土干燥。

❀ **开花:**冬春 ☀ **日照:**全日照 💧 **水:**耐干旱
✿ **繁殖:**叶插、砍头 🔴 **病虫害:**较少

天锦章属
Adromischus

天锦章属约有30种。为无茎或短茎的多年生肉质植物。叶片肉质，厚实，簇生或旋生排列。穗状的聚伞花序，花小，管状，花期夏季。

属种习性

 原产于非洲南部的半干旱地区，喜温暖、干燥和阳光充足的环境。不耐严寒，耐干旱和半阴，怕强光和水湿。宜肥沃、疏松和排水良好的砂质壤土。

栽前准备

 入户处理 天锦章属多肉植物叶片特别肥厚，在运输过程中极易造成叶片脱落。网购回来的多肉如果出现掉叶的现象，要先将伤口涂抹杀菌药处理，并放置阴凉通风处自然晾干伤口，再进行上盆。

栽培基质 盆土用腐叶土、培养土和粗沙的混合土，加少量干牛粪和骨粉。准备陶粒，避免土壤从盆底的孔洞漏出。还有铺面石，对多肉有固定作用。

 花器 单头多肉一般用直径12~15厘米的盆，组合多肉一般用15~20厘米的盆。

 摆放 用于点缀窗台、博古架或隔断，美丽肉质的叶片，形似精致的"工艺品"，十分引人注目。

新人四季养护

春秋季每2~3周浇水1次，保持盆土湿润，切忌积水。夏季高温生长停滞，须适当遮阴，适当喷雾降温，减少浇水。秋季生长期每周浇水1次。冬季低温时要注意防寒保护，盆土保持稍干燥。

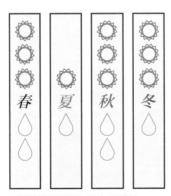

（所需日照量和浇水频率）

选购要领

网购的裸根多肉要求叶片肥厚，无缺损和伤痕，无病虫危害。在花市上选购盆栽植株时，要求植株矮壮，呈丛生状，灰绿色，株高不超过10厘米。

栽培管理

 换盆 每2年换盆1次。换盆时进行疏剪造型，剪除基部柔软、萎缩和变黄的叶片，以利于全株叶片分布匀称、美观。

 施肥 每月施肥1次，用稀释饼肥水。

 病虫害防治 主要有炭疽病和叶斑病危害肉质叶片，发病初期用70%甲基托布津可湿性粉剂1000倍液喷洒。室内通风不畅，会有介壳虫和粉虱危害，用40%氧化乐果乳油1000倍液喷杀。

多肉繁殖方法

播种：春季室内盆播，发芽适温20~24℃，播后2~3周发芽。

扦插：5~6月剪取短茎，带叶扦插，剪口稍晾干后插入沙床，约3周左右生根。也可采用叶插繁殖。

水泡

中间型种

银之卵 *Adromischus alveolatus*

$参考价：4-7元/件

特征：多年生肉质植物。**原产地：**南非。**叶：**肉质，纺锤形，呈放射状生长，表皮灰绿色至黄绿色，皮色随季节而变化，表面覆盖白色细茸毛。**花：**钟形，绿色。**个性养护：**生长期可充分浇水，夏季减少浇水，适当喷雾，冬季盆土保持稍干燥。换盆时进行疏剪造型，剪除基部柔软、萎缩和变黄的叶片。

❀**开花：**夏 ☀**日照：**全日照 ◌**水：**耐干旱
✿**繁殖：**播种、扦插 ●**病虫害：**介壳虫

$参考价：4~4.5元/件

中间型种

御所锦

Adromischus maculatus

特征：多年生肉质植物。**原产地：**南非。**叶：**叶互生，圆形或倒卵形，表面绿色，密布褐红色斑点，叶缘较薄。**花：**白色带红晕的小花。**个性养护：**春季保持盆土稍湿润，每2~3周浇水1次。夏季无明显的休眠期，长期遮阴或强光暴晒，都会引起叶面斑点模糊。

❀**开花：**夏 ☀**日照：**全日照 ◌**水：**耐干旱
✿**繁殖：**叶插、扦插 ●**病虫害：**炭疽病

💰 参考价: 4.5~6 元 / 件

中间型种

绿卵 *Adromischus mammillaria*

特征: 多年生肉质植物。**原产地:** 南非。**叶:** 叶肉质,橄榄形,绿色,被白毛,长2厘米,宽1厘米。**花:** 梗高30厘米,花绿褐色。**个性养护:** 夏季高温时,植株处于休眠状态。春秋季为主要生长期,盆土可稍湿润。

🌼 **开花:** 夏 ☀ **日照:** 全日照 💧 **水:** 耐干旱

🌸 **繁殖:** 扦插、叶插 🔴 **病虫害:** 较少

💰 参考价: 4.5~6 元 / 件

中间型种

水泡 *Adromischus* 'Shuipao'

特征: 多年生肉质植物。**原产地:** 栽培品种。**叶:** 叶色常年红绿色。**花:** 绿褐色。**个性养护:** 叶片需要接受充足日照叶色才会变成漂亮的紫红色,株型才会更紧实美观。植株生长相对较慢,多年群生后才会非常壮观。

🌼 **开花:** 夏 ☀ **日照:** 稍耐阴 💧 **水:** 耐干旱

🌸 **繁殖:** 扦插、叶插 🔴 **病虫害:** 较少

中间型种

鼓槌水泡

Adromischus 'Guchuishuipao'

特征: 多年生肉质植物。**原产地:** 栽培品种。**叶:** 卵圆形,形似小鼓槌。**花:** 花绿褐色。**个性养护:** 光线强时,叶片紧凑,叶片上的紫红色斑点会变得清晰。光线不足,则叶片变绿,茎干伸长。

🌼 **开花:** 夏 ☀ **日照:** 稍耐阴 💧 **水:** 耐干旱

🌸 **繁殖:** 扦插、叶插 🔴 **病虫害:** 较少

💰 参考价: 4.5~6 元 / 件

💰 参考价: 1~6 元 / 件

中间型种

松虫

Adromischus hemisphaericus

特征: 多年生肉质植物。**原产地:** 南非。**叶:** 叶片紧密排列,叶面有淡绿斑点。容易长侧枝,会形成木质叶片紧密排列,叶面有淡绿色斑点。**花:** 穗状倒钟形小花,5个花瓣。**个性养护:** 植株有粗大的木质茎,容易长侧枝,生长过密时进行疏剪造型。

❋ **开花:**夏 ☀ **日照:**全日照 ◌ **水:**耐干旱
🌸 **繁殖:**扦插、叶插 ● **病虫害:**较少

中间型种

天章 *Adromischus cristatus*

特征: 多年生肉质植物。**原产地:** 南非。**叶:** 对生,椭圆形至扇形,肉质,上缘波状,表面灰绿色,密被细白毛,无斑点。**花:** 聚伞花序,花筒状,淡绿红色。**个性养护:** 长期遮阴或强光暴晒,都会引起叶面斑点模糊。水分充足时,叶片易掉,掉进土里的叶片自然萌发成小植株。

❋ **开花:**夏 ☀ **日照:**全日照 ◌ **水:**耐干旱
🌸 **繁殖:**扦插、叶插 ● **病虫害:**较少

💰 参考价: 4.5~6 元 / 件

💰 参考价: 15 元 / 件

中间型种

翠绿石 *Adromischus herrei*

特征: 多年生肉质植物。**原产地:** 南非。**叶:** 叶片肉质,纺锤形,呈放射状生长,表面橄榄绿色,非常粗糙,表皮密布小疣突,形似苦瓜,有光泽。**花:** 钟形,绿色。**个性养护:** 冬季低温时期要注意防寒保护,须放在室内阳光充足的地方。

❋ **开花:**夏 ☀ **日照:**全日照 ◌ **水:**耐干旱
🌸 **繁殖:**扦插、叶插 ● **病虫害:**较少

瓦松属
Orostachys

瓦松属约有10种，多为小型多肉植物。叶片肉质，排列成紧密的莲座状。圆锥花序或总状花序，花星状，具短柄。花期夏季或秋季。

属种习性

 原产于俄罗斯、中国、朝鲜、韩国和日本的低地至山区的岩石地区。喜温暖、干燥和阳光充足环境。不耐寒，冬季温度不低于5℃。耐半阴和干旱，怕水湿和强光。宜肥沃、疏松和排水良好的砂质壤土。

栽前准备

入户处理 刚买回的盆栽植株摆放在有纱帘的窗台，不要摆放在荫蔽、通风差的场所。

栽培基质 盆土用腐叶土、培养土和粗沙的混合土，加少量骨粉。

花器 一般可以使用直径12~15厘米的盆。

摆放 摆放于门庭、客厅或书桌，小巧秀气，十分可爱。

新人四季养护

春季适度浇水，保持盆土湿润，浇水过多容易导致植株徒长。夏季生长迅速，保证充足阳光和水分，但须适当遮阴，适当喷雾降温，提高空气湿度，减少浇水。秋季生长期每周浇水1次，每月施肥1次。冬季低温时要注意防寒保护，摆放在温暖、阳光充足处，盆土保持干燥，停止施肥。

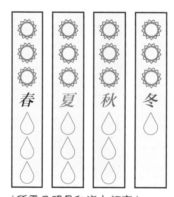

春	夏	秋	冬

(所需日照量和浇水频率)

选购要领

网购回来的裸根多肉要求叶片肥厚，无缺损，无病虫危害，并且植株上没有虫卵隐藏。选购的盆栽植株，要求植株健壮端正，呈莲座状。

栽培管理

换盆 每年春季换盆。换盆时结合分株繁殖。

施肥 较喜肥，生长期每4周施肥1次。

病虫害防治 发现少量介壳虫时可捕捉灭杀，量多时用50%氧化乐果乳油1 000倍液喷杀。

瓦松

多肉繁殖方法

播种: 发芽适温13~18℃。

分株: 春季进行分株繁殖。将植株上出现的幼苗剥离下来,有根的直接上盆,无根开带伤口的,晾干后放在沙土上等生根后再上盆。

子持年华

夏型种

子持年华 *Orostachys furusei*

特征: 多年生肉质植物。**原产地:** 东南亚。
叶: 圆形或卵圆形,肉质,排列成莲座状,表面灰蓝绿色,被白粉,叶腋生走茎,长出子株。
花: 总状花序,花星状,白色。**个性养护:** 春季至秋季盆土保持湿润,冬季盆土保持干燥。开花后,整株死亡,因此须在花苞刚刚长出时,及时剪除花苞。

❀ **开花:**夏秋 ☀ **日照:**全日照 💧**水:**耐干旱
🌱 **繁殖:**播种、分株 ● **病虫害:**较少

💰 **参考价:** 2~4 元 / 件

💰 **参考价:** 6-8 元 / 件

夏型种

瓦松 *Orostachys japonicus*

特征: 多年生肉质植物。**原产地:** 中国。**叶:**
披针形,扁而长,顶端硬尖,绿色或灰绿色。
花: 圆锥花序,花梗长,花白色或粉红色。
个性养护: 生长期控水控肥,防止生长过快,影响株态。秋季要做好防虫措施。

❀ **开花:**夏秋 ☀ **日照:**全日照 💧**水:**耐干旱
🌱 **繁殖:**播种、分株 ● **病虫害:**较少

仙女杯属
Dudleya

仙女杯属包含3个亚属，共有约100个种和亚种。叶肉质，形状大都为又尖又窄，叶片颜色通常从绿色至灰色。花梗直立，有时高达1米，但花序通常较短，顶端为聚伞花序，苞叶片互生。

属种习性

原产于北美洲的西南部，包括加利福尼亚半岛、墨西哥的沿海地带。喜温暖、干燥和阳光充足环境。对高温特别敏感，夏季高温时要加强通风、控制浇水。不耐寒，耐半阴和干旱，怕水湿和强光。宜肥沃、疏松和排水良好的砂质壤土。

栽前准备

入户处理 刚买回的盆栽植株，摆放在阳光充足的窗台或阳台，避开过于遮阴或通风差的场所。

栽培基质 盆土用腐叶土、培养土和粗沙的混合土，加少量骨粉。准备陶粒，避免土壤从盆底的孔洞漏出。还有铺面石，对多肉有固定作用。

花器 一般用直径30~40厘米的盆。

摆放 摆放于门庭、隔断和博古架，粉嫩活泼，十分可爱。

新人四季养护

春季每月浇水1次，保持盆土湿润，浇水时注意不要直接浇灌叶面，以防白粉掉落。夏季高温时有短暂休眠，须适当遮阴，保持通风，适当喷雾，提高空气湿度，减少浇水。秋季生长期需要充足光照，每月浇水1次，每月施肥1次。冬季室温低于7℃时要注意防寒保护，摆放在温暖、阳光充足处，盆土保持干燥，停止施肥。

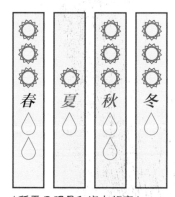
（所需日照量和浇水频率）

选购要领

网购的多肉要求叶片肥厚，无缺损，白粉完好，无病虫危害。在花市上选购的盆栽植株，要求植株矮壮，呈丛生状，叶片完好。

栽培管理

换盆 生长较慢，每2~3年换盆1次。

施肥 较喜肥，生长期每月施肥1次，用稀释饼肥水。

病虫害防治 主要有叶斑病危害叶片，发病初期可用75%百菌灵可湿性粉剂800倍液喷洒。当发现有介壳虫量多时，可用40%氧化乐果乳油1 000倍液喷杀。

多肉繁殖方法

播种： 春季适合室内盆播，发芽适温13~18℃，播后2~3周发芽。

扦插： 春夏季剪取充实的顶端茎叶扦插繁殖，插入沙床，保持室温18~20℃，待长出新叶时盆栽。

仙女杯

夏型种

白菊 *Dudleya greenei*

特征： 多年生肉质植物。**原产地：** 墨西哥。
叶： 三角锥形，呈莲座状排列，叶面有不太明显的凸痕，沿着叶尖到基部；叶微蓝色至白色，被有白霜，白粉比较涩。**花：** 星状，淡黄色。**个性养护：** 茎干粗壮矮小，会随着生长逐渐长出侧枝。在充足光照下，叶色艳丽，叶片紧凑。若光照不足，则叶片松散、变长。

❀ **开花：** 春夏 ☀ **日照：** 全日照 💧 **水：** 耐干旱
✿ **繁殖：** 扦插、播种 🌰 **病虫害：** 较少

💰 **参考价：** 4.5~6 元 / 件

💰 **参考价：** 16-38 元 / 件

夏型种

雪山 *Dudleya pulverulenta*

特征： 多年生肉质植物。**原产地：** 墨西哥。
叶： 三角剑形，叶较尖，叶面有不太明显的凸痕沿着叶尖到基部，有白粉，有时呈现微蓝色。**花：** 星状，红色。**个性养护：** 生长期控水控肥，防止生长过快，影响株态。切忌手指触摸叶片。

❀ **开花：** 春夏 ☀ **日照：** 全日照 💧 **水：** 耐干旱
✿ **繁殖：** 扦插、播种 🌰 **病虫害：** 较少

属间杂交属

景天科植物中存在大量属间杂交的情况，目前所知的可属间杂交的景天科植物都是以墨西哥为发展中心进化而来的属，甚至有些属间杂交的品种依旧保留了可育性，如白牡丹（风车石莲杂交属）。这种特异的属间杂交的可行性，使得园艺栽培上培育出许多优秀的景天科多肉新品种，如蒂亚、白牡丹、黑王子等。

💰 **参考价:** 1-3 元 / 件

夏型种

秋丽

Graptosedum 'Francesco Baldi'

特征: 多年生肉质植物。**原产地:** 栽培品种。
叶: 叶片较细长，正面平滑微下凹，背面明显突起似龙骨状。呈灰绿色，被轻微的白粉。
花: 花小，红黄色。**个性养护:** 叶片通常绿色，秋季较大温差时，会变成橘红色，甚至整株变为粉红色。

❀ **开花:** 夏秋 ☀ **日照:** 全日照 💧 **水:** 耐干旱
❀ **繁殖:** 扦插、分株 ● **病虫害:** 较少

冬型种

奥普琳娜 *Graptoveria* 'Opalina'

特征: 多年生肉质植物。**原产地:** 栽培品种。
叶: 叶片匙形，浅绿色，被白粉。叶片先端有红色的叶尖，叶缘有红细边。**花:** 花小，钟形，黄色。**个性养护:** 夏季高温避免阳光直射，2周向土表喷水1次。

❀ **开花:** 夏秋 ☀ **日照:** 全日照 💧 **水:** 耐干旱
❀ **繁殖:** 叶插、分株 ● **病虫害:** 较少

💰 **参考价:** 1~6 元 / 件

💰 参考价: 2-3 元 / 件

夏型种

格林 *Graptoveria* 'Grimm'

特征: 多年生肉质植物。**原产地:** 栽培品种。**叶:** 叶片绿色,全缘。叶片先端有红色的叶尖,叶缘有红细边。**花:** 星状,黄色。**个性养护:** 长出花蕾后延长光照时间,可适当施肥 1 次,促使开花。花后可剪去花茎,以保持美观的莲座状。

❀ **开花:** 春夏 ☀ **日照:** 明亮光照 💧 **水:** 耐干旱

✿ **繁殖:** 扦插、分株 ● **病虫害:** 较少

夏型种

因地卡 *Sinocrassula* 'Indca'

特征: 多年生肉质植物。**原产地:** 栽培品种。**叶:** 匙形,肉质,肥厚,粉红色,初生时叶片碧绿色,生长一段时间后叶片变为红褐色,呈莲座状。**花:** 聚伞花序,花浅红色。**个性养护:** 生长期控水控肥,防止生长过快,植株徒长影响紧凑的株态。高温时适当遮阴、通风。

❀ **开花:** 冬春 ☀ **日照:** 全日照 💧 **水:** 耐干旱

✿ **繁殖:** 扦插、分株 ● **病虫害:** 较少

💰 参考价: 2-7 元 / 件

💰 参考价: 5-10 元 / 件

夏型种

蓝色天使 *Graptoveria* 'Fanfare'

特征: 多年生肉质植物。**原产地:** 栽培品种。**叶:** 叶片肥厚,为肉质,呈楔形,表面覆盖白霜,排列呈莲座状。**花:** 总状花序,花小,黄色。**个性养护:** 经过常年生长与修剪,可成为多头老桩。日照充足时叶尖和叶边会变红。喜好日晒,但夏季高温时节需要遮阴,并要通风良好。

❀ **开花:** 春 ☀ **日照:** 全日照 💧 **水:** 耐干旱

✿ **繁殖:** 叶插、分株 ● **病虫害:** 较少

夏型种

小奥普琳娜

Graptoveria 'Little Opalina'

特征： 多年生肉质植物。**原产地：** 栽培品种。
叶： 叶片肥厚，为肉质，呈楔形，表面覆盖着一层白霜，叶缘和叶尖呈粉红色。**花：** 花小，黄色。**个性养护：** 生长期控水控肥，防止生长过快，影响株态。日照充足时叶尖和叶边会出现红色。

❀ **开花：** 春 ☀ **日照：** 全日照 💧 **水：** 耐干旱
❀ **繁殖：** 扦插、分株 ● **病虫害：** 较少

参考价： 6~8 元 / 件

参考价： 8-13 元 / 件

夏型种

红手指 *Pachysedum* 'Ganzhou'

特征： 多年生肉质植物。**原产地：** 栽培品种。
叶： 细长形，叶片正常情况下绿色，秋季较大温差时会变成橘红色，甚至整株变为粉红色。**花：** 花小，黄色。**个性养护：** 当冬季温度低于3℃时，就要及时搬入室内，要逐渐减少浇水次数，保持盆土干燥。

❀ **开花：** 春 ☀ **日照：** 全日照 💧 **水：** 耐干旱
❀ **繁殖：** 扦插、分株 ● **病虫害：** 较少

夏型种

蓝葡萄

Graptoveria amethorum 'Blue'

特征： 多年生肉质植物。**原产地：** 栽培品种。
叶： 纺锤形肉质，呈放射状生长，表皮灰绿色至褐绿色，表面覆盖白色和褐色斑点。**花：** 花钟形，绿色。**个性养护：** 浇水、肥液不能触及叶面，易留下难看的痕迹。

❀ **开花：** 春 ☀ **日照：** 全日照 💧 **水：** 耐干旱
❀ **繁殖：** 扦插、分株 ● **病虫害：** 较少

参考价： 2 元 / 件

💰 参考价: 1-4 元 / 件

夏型种

白牡丹 *Graptoveria* 'Titubans'

特征: 多年生肉质植物。**原产地:** 栽培品种。
叶: 卵圆形, 先端有小尖, 肉质, 肥厚, 呈莲座状, 灰白色或淡粉色。**花:** 聚伞花序, 浅红色。**个性养护:** 生长期要控水控肥, 防止茎叶生长过快, 影响株型。春季是白牡丹繁殖的季节, 掰下的小叶片插进土里即可生长为新植株。

❀ **开花:** 冬春 ☀ **日照:** 全日照 💧 **水:** 耐干旱
🌸 **繁殖:** 叶插、分株 ⚫ **病虫害:** 较少

夏型种

厚叶旭鹤

Graptoveria 'Bainesii'

💰 参考价: 1-5 元 / 件

特征: 多年生肉质植物。**原产地:** 栽培品种。
叶: 匙形, 肉质, 全缘, 叶正面下凹, 粉绿色, 呈莲座状排列。**花:** 聚伞花序, 花红色。**个性养护:** 夏季高温会休眠, 需要遮阴和通风, 控制浇水, 保持盆土干燥。

❀ **开花:** 秋 ☀ **日照:** 全日照 💧 **水:** 耐干旱
🌸 **繁殖:** 叶插、分株 ⚫ **病虫害:** 较少

💰 参考价: 5-8 元 / 件

夏型种

紫梦

Graptoveria 'Purple Dream'

特征: 多年生肉质植物。**原产地:** 栽培品种。
叶: 卵圆形至长卵圆形, 肥厚, 灰绿色, 被红色晕, 呈莲座状排列。**花:** 聚伞花序, 高15~20厘米, 花星状, 白色。**个性养护:** 需要在通风良好的环境下种植。

❀ **开花:** 冬春 ☀ **日照:** 全日照 💧 **水:** 耐干旱
🌸 **繁殖:** 叶插、分株 ⚫ **病虫害:** 较少

番杏科
Aizoaceae

生石花属
Lithops

生石花约有40种。矮生，几乎无茎的多年生肉质草本，又名石头花，是世界著名的小型多肉植物。其外形和颜色酷似彩色卵石，以此来保护自己。秋季从卵石般的叶片中间，生出白花或黄色花。

属种习性

原产于纳米比亚和南非的岩缝中，以及半沙漠地区。喜温暖和阳光充足的环境。不耐寒，冬季温度不低于12℃。从初夏至秋末，充分浇水，其余时间保持干燥。

栽前准备

入户处理 生石花个体较小，因此大多是3~5株成一盆栽种。此时入户后首先要注意区分各种生石花的品种，了解它们的蜕皮期，使得蜕皮期相近的生石花品种同种一盆，否则在不同蜕皮期不好控制浇水。

栽培基质 肥沃园土和粗沙的混合土，加少量干牛粪。准备陶粒，避免土壤从盆底的孔洞漏出。还有铺面石，对多肉有固定作用。

花器 用直径10~12厘米的盆，每盆栽苗3~5株。

摆放 盆栽生石花，根系少而浅，周围可放彩色卵石，达到观赏和支撑效果。点缀窗台、书桌或博古架，小巧精致，好似一件精致的工艺品。若以卵石相伴，更是真假难分。

新人四季养护

春秋季生长期盆土保持稍湿润，不能太湿，否则易长青苔，影响球状叶生长。夏季高温强光时，适当遮阴，少浇水。冬季盆土保持稍干燥，放阳光充足处，若低温或光线不足，会生长不良，逐渐萎缩。

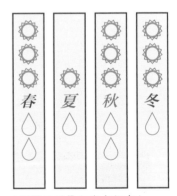

（所需日照量和浇水频率）

选购要领

网购回来的裸根多肉要求有一对连在一起的肉质叶，顶端平坦，具有多彩的斑纹，无缺损，无焦斑，无病虫危害。在花市上选购盆栽植株时，要求肉质叶球果形，充实、饱满，株幅不小于1厘米。

生石花

热销品种

琥珀玉 *Lithops bella*
大津绘 *Lithops otzeniana*
大红内玉 *Lithops optica* 'Rubra'
荒玉 *Lithops graeilidelineata*
花纹玉 *Lithops karasmontana*
福来玉 *Lithops julii* ssp. *fulleri*
紫勋 *Lithops lesliei*

栽培管理

换盆 每2年换盆1次。换盆时，清理萎缩的枯叶。栽植后可摆放彩色卵石，起到观赏和支撑效果。

施肥 生长期每半月施肥1次，用稀释饼肥水。防止肥液沾污球状叶。秋季花后暂停施肥。

病虫害防治 发生叶斑病、叶腐病危害时，可用65%代森锌可湿性粉剂600倍液喷洒。虫害有蚂蚁和根结线虫危害时，可换土或消毒土壤减少线虫，用套盆隔水养护，防止蚂蚁危害。此外，注意鸟害和鼠害。

多肉繁殖方法

播种： 常在春季或初夏室内盆播，发芽适温19~24℃，播后7~10天发芽，幼苗生长特别迟缓，浇水必须谨慎，幼苗养护较困难，喜冬暖夏凉气候。实生苗需2~3年才能开花。

扦插： 初夏选取充实的球状叶扦插，插后3~4周生根，待长出新的球状叶后移栽。

大红内玉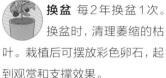

福寿玉

💰 **参考价:** 7-10 元 / 件

冬型种

紫勋 *Lithops lesliei*

特征: 多年生肉质植物。**原产地:** 南非。
叶: 球果状,对生,灰绿色或浅黄绿色,平头,顶面有深绿色花纹。**花:** 雏菊状,金黄色,花径3厘米。**个性养护:** 春季播种的苗株,夏季前不要移栽,否则苗株成活率低。夏季高温期要对正午的阳光进行遮阴,冬季蜕皮期不能浇水。

🌼 **开花:**夏秋 ☀ **日照:**全日照 💧**水:**较喜水
🌸 **繁殖:**播种 🌰**病虫害:**较少

💰 **参考价:** 8 元 / 件

冬型种

琥珀玉 *Lithops bella*

特征: 多年生肉质植物。**原产地:** 纳米比亚、南非。**叶:** 植株浅红褐色,叶顶面具深褐色花纹。**花:** 白色,花径2.5~4 厘米。**个性养护:** 怕低温和阳光暴晒,夏秋两季每半月浇水1次,浇水时间选择傍晚为宜。冬季保持盆土干燥,春季蜕皮完浇水。

🌼 **开花:**夏秋 ☀ **日照:**全日照 💧**水:**较喜水
🌸 **繁殖:**播种、分株 🌰**病虫害:**较少

冬型种

荒玉 *Lithops graeilidelineata*

特征: 多年生肉质植物。**原产地:** 纳米比亚。
叶: 截形,稍圆凸,沟浅,上表面椭圆形,两叶对称,不透明,表面粗糙,花纹清晰,灰褐色。**花:** 单生,黄色,花径2.5~4.5厘米。
个性养护: 易群生,属大中型多肉。喜冬暖夏凉气候,冬季盆土保持稍干燥。

🌼 **开花:**夏秋 ☀ **日照:**全日照 💧**水:**较喜水
🌸 **繁殖:**播种、分株 🌰**病虫害:**较少

💰 **参考价:** 30 元 / 件

💰 参考价: 20 元 / 件

冬型种

曲玉 *Lithops pseudo truncatella*

特征: 多年生肉质植物。**原产地:** 纳米比亚。
叶: 表面肾形,平滑,叶色不透明,淡灰带黄褐色,花纹细而不规则。**花:** 花单生,黄色,花径2~5厘米。**个性养护:** 低温和阳光不足时,球状叶生长不良,出现萎缩。

🌸 **开花:** 夏秋　☀ **日照:** 全日照　💧 **水:** 较喜水

🌼 **繁殖:** 播种、分株　🔴 **病虫害:** 较少

冬型种

日轮玉 *Lithops aucampiae*

特征: 多年生肉质植物。**原产地:** 南非。
叶: 卵状,对生,淡红色至褐色或黄褐色,顶面黄褐色间杂着深褐色下凹花纹。**花:** 雏菊状,黄色。**个性养护:** 从初夏至秋末每半月浇水1次,其余时间保持干燥。夏季需要适当遮阳。

🌸 **开花:** 夏秋　☀ **日照:** 全日照　💧 **水:** 较喜水

🌼 **繁殖:** 播种、分株　🔴 **病虫害:** 较少

💰 参考价: 12 元 / 件

💰 参考价: 15 元 / 件

冬型种

丽虹玉 *Lithops dorotheae*

特征: 多年生肉质植物。**原产地:** 南非。
叶: 锥状,对生,肉质,灰绿色,顶面有深橄榄绿色花纹及红色条纹。**花:** 雏菊状,黄色。
个性养护: 夏季注意通风,盆土不宜过湿,空气湿度也不宜过高,否则由于潮湿闷热,容易感染病菌死掉。

🌸 **开花:** 夏　☀ **日照:** 全日照　💧 **水:** 较喜水

🌼 **繁殖:** 播种、分株　🔴 **病虫害:** 较少

冬型种

花纹玉 *Lithops karasmontana*

特征: 多年生肉质植物。**原产地:** 纳米比亚、南非。**叶:** 卵状,对生,银灰色或灰绿色,顶面平头具深褐色下凹线纹。**花:** 单生,雏菊状,白色,花径2.5~4厘米。**个性养护:** 夏秋两季每半月浇水1次,冬季盆土和空气湿度保持干燥。

❀ **开花:** 夏秋 ☀ **日照:** 全日照 ◊ **水:** 较喜水 ✿ **繁殖:** 播种、分株 ● **病虫害:** 较少

💰 **参考价:** 12 元 / 件

💰 **参考价:** 20~25 元 / 件

冬型种

大红内玉

Lithops optica 'Rubra'

特征: 多年生肉质植物。**原产地:** 栽培品种。**叶:** 心形至截形,沟深,叶表肾形,光滑,不透明,灰中带粉紫色,没有花纹。**花:** 花单生,白色,花瓣尖端粉色。**个性养护:** 夏季须摆放在通风处,控制浇水,以利于老皮水分蒸发、变薄,使蜕皮过程顺利。

❀ **开花:** 夏 ☀ **日照:** 全日照 ◊ **水:** 耐干旱 ✿ **繁殖:** 播种、分株 ● **病虫害:** 较少

冬型种

大津绘 *Lithops otzeniana*

特征: 多年生肉质植物。**原产地:** 南非。**叶:** 倒圆锥形,浅灰绿色至浅灰紫色,中缝较深,顶面圆凸,有透明的蓝色或灰绿色窗,外缘和中缝有浅绿色斑块。**花:** 单生,黄色。**个性养护:** 植株较耐高温,注意通风,控制浇水,盆土保持稍湿即行。空气干燥时可适度喷水。

❀ **开花:** 夏秋 ☀ **日照:** 全日照 ◊ **水:** 耐干旱 ✿ **繁殖:** 播种、分株 ● **病虫害:** 较少

💰 **参考价:** 15 元 / 件

💰 参考价: 12 元 / 件

冬型种

福来玉 *Lithops julii* ssp. *fulleri*

特征: 多年生肉质植物。**原产地:** 纳米比亚、南非。**叶:** 肉质,倒圆锥形,淡灰绿色至深灰绿色,顶面褐色花纹。**花:** 单生,白色。**个性养护:** 生长期盆土过湿会影响球状叶的生长,水分过多、光照不足都会造成球状叶的徒长。夏季高温强光时,正午需要适当遮阴,减少浇水频率。

✿ **开花:**秋 ☀ **日照:**全日照 💧**水:**耐干旱

🌸 **繁殖:**播种、分株 ● **病虫害:**较少

冬型种

黄微纹玉

Lithops fulviceps 'Aurea'

特征: 多年生肉质植物。**原产地:** 栽培品种。**叶:** 卵状,对生,肉质,黄绿色,顶面有灰绿色凸起的小点。**花:** 单生,雏菊状,黄色。**个性养护:** 幼苗养护较困难,喜冬暖夏凉气候。从初夏至秋末充分浇水,其余时间保持干燥,不合时宜地浇水会导致植株死亡。

✿ **开花:**夏秋 ☀ **日照:**全日照 💧**水:**较喜水

🌸 **繁殖:**播种、分株 ● **病虫害:**较少

💰 参考价: 12-15 元 / 件

💰 参考价: 20 元 / 件

冬型种

李夫人 *Lithops salicola*

特征: 多年生肉质植物。**原产地:** 南非。**叶:** 球果状,对生,浅紫色平头顶面有下凹深褐色花纹。**花:** 雏菊状,白色。**个性养护:** 生长期需一定的水分,但空气湿度要低,尤其在冬季蜕皮期,老叶中的水分足够新叶生长,故不需要浇水,保持盆土干燥。

✿ **开花:**夏秋 ☀ **日照:**全日照 💧**水:**较喜水

🌸 **繁殖:**播种、分株 ● **病虫害:**较少

冬型种

弁天玉

Lithops lesliei var. *venteri*

特征: 多年生肉质植物。**原产地:** 栽培品种。
叶: 球果状,对生,浅灰色,平头,密布深绿色斑纹。**花:** 雏菊状,黄色。**个性养护:** 生长期需较多的水分,但不能过湿,否则易长青苔,影响球状叶正常生长。若叶面发皱,也不要急于浇水,否则易徒长。

开花:夏秋 **日照:**全日照 **水:**较喜水
繁殖:播种、分株 **病虫害:**较少

参考价: 7.5-10 元 / 件

参考价: 6 元 / 件

冬型种

露美玉 *Lithops hookeri*

特征: 多年生肉质植物。**原产地:** 南非。
叶: 卵状,对生,肉质,棕色或灰色,顶面镶嵌深褐色凹纹。**花:** 单生,雏菊状,黄色。
个性养护: 从初夏至秋末每半月浇水1次,其余时间保持干燥。秋后开花结束后停止施肥,温度低于5℃时,就要停止浇水,以增强植株的耐寒力。

开花:夏秋 **日照:**全日照 **水:**较喜水
繁殖:播种、分株 **病虫害:**较少

冬型种

雀卵玉

Lithops bromfieldii var. *mennellii*

特征: 多年生肉质植物。**原产地:** 南非。
叶: 卵状,对生。白色的株面布满深浅不一的褐色纹理,对比强烈,层次感鲜明。**花:** 雏菊状,黄色。**个性养护:** 生长期需一定的水分,但空气湿度要低,尤其在冬季。

开花:夏秋 **日照:**全日照 **水:**较喜水
繁殖:播种、分株 **病虫害:**较少

参考价: 25 元 / 件

💰 参考价: 36 元 / 件

冬型种
红菊水玉
Lithops meyeri 'Hammer Ruby'

特征: 多年生肉质植物。**原产地:** 栽培品种。
叶: 卵状,对生,肉质,通体紫红色,叶面不透明,沟深,两叶有时不对称。**花:** 黄色。**个性养护:** 冬季放阳光充足处,若低温或光线不足,球状叶生长不良,会逐渐萎缩。若叶面发皱,也不要急于浇水,否则易徒长。

🌼 **开花:**夏秋 ☀ **日照:**全日照 💧 **水:**较喜水
🌸 **繁殖:**播种、分株 ⚫ **病虫害:**较少

冬型种
福寿玉 *Lithops eberlanzii*

特征: 多年生肉质植物。**原产地:** 南非。
叶: 卵状,对生,淡青灰色,顶面紫褐色,有树枝状下凹的红褐色斑纹。**花:** 雏菊状,白色。**个性养护:** 每3~4年换盆1次,生长期要求空气湿度不能高,冬季蜕皮期不能浇水,否则植株容易死掉。

🌼 **开花:**夏秋 ☀ **日照:**全日照 💧 **水:**较喜水
🌸 **繁殖:**播种、分株 ⚫ **病虫害:**较少

💰 参考价: 10 元 / 件

💰 参考价: 5-8 元 / 件

冬型种
朱弦玉 *Lithops karasmontana* var. *lericheana*

特征: 多年生肉质植物。**原产地:** 纳米比亚。
叶: 卵状,对生,灰绿色,顶面平头具淡绿至粉红色凹凸不平,镶有深绿色暗斑。**花:** 雏菊状,白色。**个性养护:** 较喜水,喜光。夏秋季每半月浇水1次,其余时间保持干燥。

🌼 **开花:**夏秋 ☀ **日照:**全日照 💧 **水:**较喜水
🌸 **繁殖:**播种、分株 ⚫ **病虫害:**较少

肉锥花属
Conophytum

肉锥花属有290种。植株矮生，生长慢，为丛生状多年生肉质草本。通常体形小，球形或倒圆锥形，顶面有裂缝。花小，单生，雏菊状，花后老叶逐渐萎缩成叶鞘，夏末从叶鞘中长出新叶和花。

属种习性

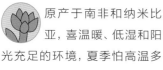

原产于南非和纳米比亚，喜温暖、低湿和阳光充足的环境，夏季怕高温多湿。不耐寒，冬季温度不低于10℃。春末至初冬要控制浇水，盛夏保持干燥。

栽前准备

入户处理 从网上购买回来的肉锥花多肉一般商家都进行了剪根处理，根系只有1厘米左右，在上盆时要先在土表铺一层铺面石，再用小铲或镊子把肉锥花种下，这样是为了更好固定植株。

栽培基质 肥沃园土和粗沙的混合土，加少量干牛粪。铺面石选用硅藻土等颗粒圆润的石头，以防锋利的石块硌伤球状叶。

花器 用直径10~12厘米的盆，每盆栽苗1~3株。

摆放 适宜摆放于博古架、书桌、窗台，新奇别致，像"有生命的工艺品"。肉锥花属与有"活石子"称号的生石花属长得很像，常容易被混淆，其最大区别在于肉锥花形状多样，叶片中间有小口，而生石花属叶形多为卵状或锥状，一条缝隙将叶片分为两部分。

新人四季养护

春秋季生长期盆土保持稍湿润，每月施肥1次，防止水肥淋在叶片表面。夏季高温强光时，适当遮阴，避免强光直射，减少浇水，否则容易导致植株腐烂，停止施肥。冬季搬进室内，在阳光充足处越冬。控制浇水，盆土保持稍干燥。

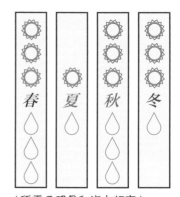

（所需日照量和浇水频率）

选购要领

在花市上选购盆栽植株时，要求植株球形、充实、饱满，株幅不小于10厘米。网购的裸根多肉要求叶片肉质，顶端平坦，黄绿色，无缺损，无焦斑，无病虫危害。

少将

热销品种

翡翠玉 *Conophytum calculus*
口笛 *Conophytum luiseae*
风铃玉 *Conophytum friedrichiae*
天使 *Conophytum ectypum*
灯泡 *Conophytum burgeri*
少将 *Conophytum bilobum*
群碧玉 *Conophytum minutum*

空蝉

栽培管理

 换盆 每2年换盆1次。栽植时宜浅不宜深。换盆时间避开蜕皮期和盛夏。

 施肥 生长期每月施肥1次，用稀释饼肥水。防止水肥淋在叶片表面。

 病虫害防治 常有叶斑病、叶腐病危害，用65%代森锌可湿性粉剂600倍液喷洒。虫害有蚂蚁和根结线虫危害，可换盆或给土壤消毒，减少线虫危害，另外用套盆隔水养护，防止蚂蚁危害。同时，注意鸟类和鼠类咬食危害。

清姬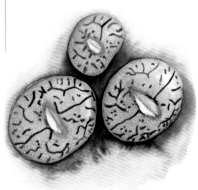

多肉繁殖方法

播种： 4~5月或9~10月适合在室内盆播，发芽的适宜温度为18~24℃。播种后12~15天发芽，幼苗生长慢，实生苗2~3年后开花。

扦插： 在5~6月进行，选取充实的肉质球叶，从顶部切开，稍晾干后插入沙床，适温20~22℃，插后14~17天可生根。

翡翠玉

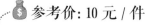

参考价: 10 元 / 件

冬型种

翡翠玉 *Conophytum calculus*

特征: 多年生肉质植物。**原产地:** 南非。
叶: 肉质,球形,顶端平坦,中部小裂似唇,
表面灰绿色,具绿色小斑点。**花:** 单生,橘黄
色,花径1.5厘米。**个性养护:** 摆放在有纱帘
的窗台或阳台,避开强光但也不要过于遮阴。

❀**开花:**春夏 ☀**日照:**明亮光照 💧**水:**耐干旱

✿**繁殖:**播种、分株 ●**病虫害:**较少

参考价: 4.5-7 元 / 件

冬型种

口笛 *Conophytum luiseae*

特征: 多年生肉质植物。**原产地:** 南非。
叶: 元宝状,肉质。叶片顶端有轻微的棱,
阳光充足的时候棱会发红。**花:** 米黄色。异
花授粉,夜开型。**个性养护:** 植株容易群生,
每年脱2~3头。生长期需要一定的水分,但
空气湿度要低,尤其在冬季。在植株蜕皮期,
要断水,避免植株徒长。

❀**开花:**春夏 ☀**日照:**明亮光照 💧**水:**耐干旱

✿**繁殖:**播种、分株 ●**病虫害:**较少

冬型种

风铃玉 *Conophytum friedrichiae*

特征: 多年生肉质植物。**原产地:** 南非。
叶: 圆柱状,顶部两裂,裂片圆,表皮有小疣,
颜色呈褐红色,顶面有小窗,裂口很深。**花:**
单生,粉色,白天开放。**个性养护:** 栽培容易,
生长期盆土保持稍湿润,比较耐阴。夏季进入
休眠期,适当遮阴,减少浇水。休眠期结束后,
老叶自然脱落,从中长出新叶。

❀**开花:**春夏 ☀**日照:**明亮光照 💧**水:**耐干旱

✿**繁殖:**播种、分株 ●**病虫害:**较少

参考价: 5-12 元 / 件

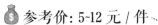 参考价: 5-12 元 / 件

冬型种

天使 *Conophytum ectypum*

特征: 多年生肉质植物。**原产地:** 南非。
叶: 对生,肉质,顶部中央裂如唇,浅绿,有深绿色斑点。**花:** 单生,雏菊状,粉红色,花径2~3厘米。**个性养护:** 夏季怕高温多湿,从初冬至春末要控制浇水。

❋ **开花:**夏 ☀ **日照:**耐半阴 💧 **水:**耐干旱
🌸 **繁殖:**播种、分株 🦠 **病虫害:**较少

冬型种

灯泡 *Conophytum burgeri*

特征: 多年生肉质植物。**原产地:** 纳米比亚、南非。**叶:** 肉质叶半球形,单头直径2.5~4厘米或更大。直射光线下,植株整体呈半透明状,酷似灯泡。**花:** 花大型,淡紫红色,中心部位呈白色。**个性养护:** 夏季休眠期,外部表皮会包裹枯黄老叶,不要人为剥去。春秋季阳光充足时,花朵白天开放,若遇到连续阴雨天,则很难开花。

❋ **开花:**春夏 ☀ **日照:**明亮光照 💧 **水:**耐干旱
🌸 **繁殖:**播种、分株 🦠 **病虫害:**较少

 参考价: 20-40 元 / 件

 参考价: 12 元 / 件

冬型种

少将 *Conophytum bilobum*

特征: 多年生肉质植物。**原产地:** 南非。
叶: 成年植株分枝呈丛生状,叶肥厚,心形,淡灰绿色,顶部鞍形,中缝深,先端钝圆。**花:** 单生,雏菊状,黄色,花径3厘米。**个性养护:** 冬季保持稍干燥,蜕皮期要开始断水,春季是新叶生长期,应避开阳光暴晒,控制浇水,盆土保持稍湿润。

❋ **开花:**夏 ☀ **日照:**耐半阴 💧 **水:**耐干旱
🌸 **繁殖:**播种、分株 🦠 **病虫害:**较少

💰 参考价:23 元 / 件

冬型种

白拍子 *Conophytum longum*

特征: 多年生肉质植物。**原产地:** 南非。
叶: 幼株单生,老株丛生,晒不红。肉质叶高
1~2厘米,顶端有小窗。**花:** 花从肉质叶的
中缝开出,白色或粉色花,直径2~3厘米,花
秆矮,一般每株只开1~2朵,有时候也会开
出3朵。**个性养护:** 顶端小窗表皮很薄,不要
经常碰触,以免留下难看的痕迹,影响观赏。

❀ **开花:**秋 ☀ **日照:**耐半阴 ◊ **水:**耐干旱
🌸 **繁殖:**播种、分株 🐛 **病虫害:**较少

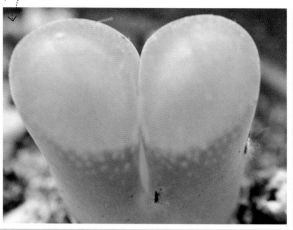

💰 参考价:20 元 / 件

冬型种

群碧玉 *Conophytum minutum*

特征: 多年生肉质植物。**原产地:** 南非。
叶: 黄绿色,顶端平坦,中央有一小浅的裂
缝。**花:** 花从中缝开出,雏菊状,花径2厘米。
个性养护: 夏季休眠结束后,老叶逐渐枯萎,
此时保证充足阳光和适当水分,枯萎的老叶
不要用手剥去,否则很容易伤到老叶下新生
的嫩叶。

❀ **开花:**夏 ☀ **日照:**耐半阴 ◊ **水:**耐干旱
🌸 **繁殖:**播种、分株 🐛 **病虫害:**较少

💰 参考价:22 元 / 件

冬型种

双水泡

Conophytum burger 'Double'

特征: 多年生肉质植物。**原产地:** 栽培品种。
叶: 呈半圆形,表皮无毛粗糙有纹路,植株
中间有裂缝,裂缝两段的顶尖表皮呈玫红色。
花: 花从中缝开出,雏菊状。**个性养护:** 冬
季盆土保持干燥,春季蜕皮后期可少量浇水。

❀ **开花:**夏 ☀ **日照:**耐半阴 ◊ **水:**耐干旱
🌸 **繁殖:**播种、分株 🐛 **病虫害:**较少

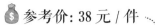
💰 参考价: 38 元 / 件

冬型种

安珍 *Conophytum obcordellum* 'Picturatum'

特征: 多年生肉质植物。**原产地:** 栽培品种。**叶:** 呈陀螺形,顶部通常截形,淡灰绿至灰绿色,有深色的点状花纹。**花:** 花单生,白色或浅黄色,晚上开放。**个性养护:** 栽培容易,对光照比较敏感。在充足的光照下,叶面色彩与花纹对比更明显。

❀ **开花:**秋 ☀ **日照:**较喜光 💧 **水:**耐干旱
✿ **繁殖:**播种、分株 ● **病虫害:**较少

冬型种

清姬 *Conophytum minimum*

特征: 多年生肉质植物。**原产地:** 南非。**叶:** 球形,肉质,顶端平坦,中心有一小裂如唇,淡灰绿色,具褐色花纹。**花:** 单生,小型,白色,夜间开花,有香味。**个性养护:** 生长期盆土保持稍湿润,在开花和蜕皮期要控制浇水。切忌将水滴溅到老叶和花朵上,如果接触到水很容易腐烂病变,影响株体生长。

❀ **开花:**夏 ☀ **日照:**耐半阴 💧 **水:**耐干旱
✿ **繁殖:**播种、分株 ● **病虫害:**较少

💰 参考价: 75 元 / 件

💰 参考价: 20 元 / 件

冬型种

空蝉 *Conophytum regale*

特征: 多年生肉质植物。**原产地:** 南非。**叶:** 叶面顶部两裂楔形,淡绿至灰绿色,裂口两边透明。**花:** 单生,雏菊状,粉红色,白天开放。**个性养护:** 栽培较容易,适应性较强,喜阳光又耐半阴。春季新叶生长期,避开阳光暴晒,盆土忌过湿。植株群生,但形成很慢,

❀ **开花:**夏 ☀ **日照:**明亮光照 💧 **水:**耐干旱
✿ **繁殖:**播种、分株 ● **病虫害:**较少

冬型种

青露 *Conophytum apiatum*

特征： 多年生肉质植物。**原产地：** 南非。
叶： 对生叶高2.5厘米，中裂深1厘米，两裂片扁平，上缘薄，绿色中有半透明圆点。**花：** 花筒长，花瓣细，粉红色。**个性养护：** 春季新叶生长期，避开阳光暴晒，盆土忌过湿。夏季怕高温多湿。秋凉后，每周浇水1次。冬季保持盆土干燥。

❁ **开花：** 夏 ☀ **日照：** 明亮光照 ◌ **水：** 耐干旱
❀ **繁殖：** 播种、分株 ● **病虫害：** 较少

💰 **参考价：** 12 元 / 件

💰 **参考价：** 22 元 / 件

冬型种

玉彦 *Conophytum obcordellum*

特征： 多年生肉质植物。**原产地：** 南非。
叶： 球形，肉质，顶部截形，有时凹，浅灰绿色至灰紫绿色，有少数线状和点状花纹。**花：** 单生，雏菊状，绿白色，夜间开放，有香味。
个性养护： 秋冬季降温时，随温度的降低要逐步减少浇水频率。冬季保持温度在5℃以上时，可以每2周浇水1次。

❁ **开花：** 秋 ☀ **日照：** 明亮光照 ◌ **水：** 耐干旱
❀ **繁殖：** 播种、分株 ● **病虫害：** 较少

冬型种

藤车 *Conophytum hybrida*

特征： 多年生肉质植物。**原产地：** 栽培品种。
叶： 球形，肉质，小而圆，顶面平坦有裂缝，叶面淡绿色，具深色暗点。**花：** 单生，雏菊状，粉红色。**个性养护：** 夏季适当遮阴，开花后，宜移至明亮光线处养护。

❁ **开花：** 夏 ☀ **日照：** 耐半阴 ◌ **水：** 耐干旱
❀ **繁殖：** 播种、分株 ● **病虫害：** 较少

💰 **参考价：** 20 元 / 件

💰 **参考价:** 0.8 元 / 件（种子）

冬型种

寂光 *Conophytum frutescens*

特征: 多年生肉质植物。**原产地:** 南非。
叶: 顶端开叉较大，肉质叶片如同心形。**花:**
花从肉质叶的中间缝中开出，花色为橙色。
个性养护: 太强的光照会使肉质叶晒伤，光
照不足会导致植株生长缓慢，通常将其放置
在向阳的玻璃窗后，接受明亮的散射光。

❀ **开花:** 夏 ☀ **日照:** 耐半阴 💧 **水:** 耐干旱

✿ **繁殖:** 播种、分株 ● **病虫害:** 较少

冬型种

立雏 *Conophytum albescens*

特征: 多年生肉质植物。**原产地:** 南非。
叶: 肉质叶片如同心形，植株顶端伴有紫色
围边。**花:** 花从肉质叶的中间缝中开出，开
黄色花。**个性养护:** 在蜕皮前期可以完全断
水，避免浇水不当导致老叶腐烂，到后期可
以少量浇水，加快老叶的蜕皮速度，帮助新
叶生长。

❀ **开花:** 夏 ☀ **日照:** 耐半阴 💧 **水:** 耐干旱

✿ **繁殖:** 播种、分株 ● **病虫害:** 较少

💰 **参考价:** 0.8 元 / 件（种子）

💰 **参考价:** 12 元 / 件

冬型种

圆空 *Conophytum marnierianum*

特征: 多年生肉质植物。**原产地:** 南非。
叶: 顶端裂口较小，两裂片圆润如心形，株体
上伴有圆点。**花:** 花筒长，花瓣细，花开渐变
为紫色。**个性养护:** 冬季温度太低易冻伤，要
摆放在阳光充足的室内。

❀ **开花:** 夏 ☀ **日照:** 耐半阴 💧 **水:** 耐干旱

✿ **繁殖:** 播种、分株 ● **病虫害:** 较少

棒叶花属
Fenestraria

棒叶花属有1~2种。植株非常矮,无茎,密集群生的肉质植物。通常叶小,棒形,直立,光滑。花雏菊状,淡橙黄色或白色。花期夏末至秋季。

属种习性

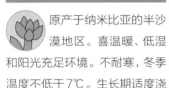

原产于纳米比亚的半沙漠地区。喜温暖、低湿和阳光充足环境。不耐寒,冬季温度不低于7℃。生长期适度浇水,冬季保持干燥。

栽前准备

入户处理 避开强光直射,摆放在有纱帘的窗台,但不能过于遮阴,每2~3天向植株周围喷雾1次。

栽培基质 盆栽用腐叶土和粗沙的混合土。

花器 用直径6~8厘米的盆,每盆栽苗5~6株。

摆放 其外形很小很美,开花却很大很奇,故受人们喜爱。常用精制小盆装饰,摆放书桌、案头或博古架,十分典雅可爱。

新人四季养护

春秋季生长期适度浇水,盆土保持稍湿润。夏季高温强光时,株体处于半休眠状态,盆土保持干燥,放在凉爽通风处。冬季温度不低于7℃,否则会被迫进入休眠期,盆土保持稍干燥。

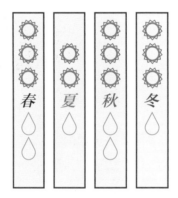

| 春 | 夏 | 秋 | 冬 |

(所需日照量和浇水频率)

选购要领

网购要求植株棍棒状,充实饱满,顶端稍透明,直立形。花市挑选要求叶面光滑,绿色,无缺损,无虫斑,无病虫害。

栽培管理

换盆 生长较慢,每2~3年换盆1次,春季换盆。

施肥 生长期每月施肥1次,肥液不要沾污叶面。

病虫害防治 常发生叶斑病、叶腐病危害,发病初期可用65%代森锌可湿性粉剂600倍液喷洒。虫害有根结线虫和蚂蚁危害,根结线虫可通过更换盆土或高温消毒盆栽土。防治蚂蚁,可用套盆隔水栽培,使蚂蚁爬不上株体。

多肉繁殖方法

播种: 3~4月采用室内盆播,稍加轻压,发芽适温为22~24℃。幼苗生长较慢。

分株: 春季结合换盆进行,将生长密集的幼株挖出直接盆栽。为浅根性植物,栽植时不宜深。

五十铃玉

参考价: 4-8 元/件

冬型种

五十铃玉

Fenestraria aurantiaca

特征: 多年生肉质植物。**原产地:** 纳米比亚。
叶: 对生,棍棒状,叶长2~3厘米,灰绿色,
顶端透明。**花:** 花大,金黄色,花径3~7厘
米。**个性养护:** 对水分非常敏感,夏季休眠
期注意断水,可采取喷雾,冬季保持盆土干
燥,室温14℃以上植株可正常生长。

❀ **开花:**夏秋 ☀ **日照:**全日照 ◊ **水:**耐干旱

✿ **繁殖:**播种、分株 ● **病虫害:**较少

露子花属
Delosperma

露子花属约有125种。多年生肉质草本或亚灌木，茎较长，分枝多，叶对生，肉质。花单生或7～8朵集生，具短梗，花小，雏菊状，花色多。

属种习性

原产南非南部、东部和中部的丘陵低地。不耐寒，冬季温度不低于5℃。喜温暖和阳光充足环境。宜于肥沃、排水良好的砂质壤土生长。

栽前准备

入户处理 从网上购买回来的植株要先对根系和株形进行修剪，再上盆。刚买回的盆栽植株，须摆放在阳光充足的窗台或阳台。少搬动，防止根系受损

栽培基质 盆土用腐叶土和粗沙的混合土，加少量骨粉。准备陶粒，避免土壤从盆底的孔洞漏出。

花器 用直径10~12厘米的盆。使用透气性好，不容易积水的陶盆较好。

摆放 摆放在几案、博古架上，新奇的叶片十分可爱有趣。

新人四季养护

春季生长期，稍向植株周围喷水即可，增加空气湿度，保持盆土干燥。夏季高温需放置在通风凉爽处适度遮阴，保持盆土稍湿润。秋季每3周浇水1次，保持盆土稍干燥。冬季不耐寒，室温应保持在15℃以上。

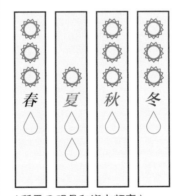

（所需日照量和浇水频率）

选购要领

花市上选购盆栽植株，要求植株端正、丰满，株形优美，不倾斜，无老化症状。网上选购回来的植株要求上端叶片直立，无缺损，无病虫害。

栽培管理

换盆 每年春季换盆，并修剪整形。可用吊盆栽培。

施肥 春季每月施肥1次，秋季每半月施肥1次，可施用薄肥，肥液切忌沾污叶面。

病虫害防治 盆土湿度过大时，常发生根结线虫病危害，可用3%呋喃丹颗粒剂进行防治。发生介壳虫危害，可用50%杀螟松乳油1 500倍液喷杀。

多肉繁殖方法

播种: 播种于颗粒细碎的土中,播种后不能覆土,保持土壤湿润,透光,约1周后发芽。发芽后应逐渐揭开覆膜通风,并减少浸盆浇水次数以免使土壤板结。1年后植物即可开花。

鹿角海棠锦

参考价: 8-9 元 / 件

夏型种

鹿角海棠锦

Delosperma lehmannii 'Variegata'

特征: 多年生肉质植物。**原产地:** 栽培品种。
叶: 肉质,交互对生,基部稍联合,半月形呈三棱状,绿色兼有黄色斑纹,被细短茸毛。
花: 花色艳丽,花大,有白、红、黄、紫等色。
个性养护: 夏季注意遮阴,否则表面易起皱,甚至被灼伤。

❀ **开花:**冬 ☀ **日照:**全日照 ◊ **水:**耐干旱
❀ **繁殖:**播种、分株 🐛 **病虫害:**介壳虫

参考价: 5-8 元 / 件

冬型种

夕波 *Delosperma lehmannii*

特征: 多年生肉质植物。**原产地:** 南非。**叶:** 叶片对生,三角柱状,先端稍尖,背钝圆,灰绿色或蓝绿,基部联合。**花:** 花单生,雏菊状,淡黄色。**个性养护:** 春季是生长的主要季节,需保持盆土稍湿润。冬季停止施肥,减少浇水,保持盆土干燥。

❀ **开花:**夏 ☀ **日照:**全日照 ◊ **水:**耐干旱
❀ **繁殖:**叶插 🐛 **病虫害:**叶腐病

舌叶花属
Glottiphyllum

舌叶花属为多年生肉质植物。肉质叶形似舌头，呈舌状稍卷曲，叶色鲜绿，叶面光洁透明，叶片紧抱，轮生于短茎上，鲜绿色，平滑有光泽，秋冬季开花，花自叶丛中抽出，花冠金黄色。

属种习性

 原产于南非，喜冬季温暖，夏季凉爽干燥环境，生长适温 18~22℃，超过 30℃ 时，植株生长缓慢且呈半休眠状态。越冬温度须保持在 10℃ 以上。宜于肥沃、排水良好的砂质壤土生长。

栽前准备

 入户处理 刚买回的盆栽植株，须摆放在阳光充足的窗台或阳台。少搬动，防止根系受损，生长期盆土保持湿润，休眠期保持稍干燥。

 栽培基质 盆土用腐叶土和粗沙的混合土，加少量骨粉。准备陶粒，避免土壤从盆底的孔洞漏出。还有铺面石，对多肉有固定作用。

 花器 用直径 10~12 厘米的盆。使用透气性好，不容易积水的陶盆。

 摆放 陈设在书桌、窗台和几案，小巧玲珑，非常雅致。可用来装饰窗台和美化阳台。

新人四季养护

春秋季生长旺盛，水量需求较大，盆土保持湿润。夏季高温必须控制浇水，保持盆土稍干燥，摆放在遮阴、通风良好的环境，否则植株茎叶易腐烂。冬季温度降低，生长减慢，应控制浇水，保持盆土干燥。

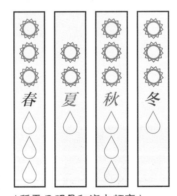

（所需日照量和浇水频率）

选购要领

网购要求植株端正、丰满，株形优美，不倾斜，无老化症状。花市挑选要求叶片肥厚，鲜绿色，叶面光洁透明，肉质叶无缺损，无病虫危害。

栽培管理

 换盆 每年春季换盆，去除干枯叶片。

 施肥 生长期每半月施肥 1 次。

 病虫害防治 主要有叶斑病和锈病危害，可用波尔多液每半月喷洒 1 次。虫害有介壳虫危害，用 40% 氧化乐果乳油 1 500 倍液喷杀。

多肉繁殖方法

扦插: 基质可用干净的湿沙,待切口收干后再将其插入沙床中,维持20℃左右的生根适温,一个月后即可生根,待其新根长至2~3厘米长时,再行移栽上盆。

冬型种

宝绿 *Glottiphyllum linguiforme*

特征: 多年生肉质植物。**原产地:** 纳米比亚。
叶: 肉质叶舌状,对生2列,斜面突出,叶端略向外反转,切面呈三角形,光滑透明,鲜绿色。**花:** 花大,金黄色。**个性养护:** 春季必须接受充足的阳光,春秋季生长期浇水应掌握"干湿相间而偏干"。

❁ **开花:** 秋冬 ☀ **日照:** 全日照 ◌ **水:** 耐干旱

✿ **繁殖:** 播种、分株 ● **病虫害:** 较少

💰 **参考价:** 2.5~4 元 / 件

对叶花属
Pleiospilos

对叶花属约有35种。为无茎多年生肉质植物。植株有肥厚肉质的大元宝状叶，叶端三角形或卵圆形，表皮淡灰色、淡黄绿色、褐色至红色，具有不同色彩的小圆点。花雏菊状，黄色或橙色。

属种习性

 原产于南非干旱地区，喜温暖和阳光充足的环境。不耐寒，冬季温度不低于12℃。从初夏至秋末，适度浇水，其余时间保持干燥。

栽前准备

 入户处理 刚买回的盆栽植株，须摆放在阳光充足的窗台或阳台，不要摆放在阳光过强或光线不足的场所。少搬动，防止根系受损。

 栽培基质 盆土用腐叶土和粗沙的混合土，加少量骨粉。准备陶粒，避免土壤从盆底的孔洞漏出。还有铺面石，对多肉有固定作用。

 花器 用直径10~12厘米的盆。使用透气性好，不容易积水的陶盆较好。

 摆放 花小色艳，盆栽摆放窗台、案头或博古架，显得特别古朴精巧。

新人四季养护

春秋季生长期盆土保持湿润。夏季高温植株进入半休眠状态，盆土稍干燥，由于休眠期长，必须控制浇水，以免过湿引起腐烂。冬季搬进室内，温度不低于10℃，在阳光充足处越冬。

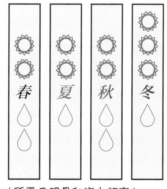

（所需日照量和浇水频率）

选购要领

网购要求植株端正、丰满，株形优美，不倾斜，无老化症状。花市挑选要求叶片肥厚，鲜绿色，叶面光洁透明，肉质叶无缺损，无病虫危害。

栽培管理

 换盆 每2年换盆1次。对生叶老化枯萎时，小心将其剥除，切忌损伤新叶和根部。

 施肥 生长期每4~6周施低氮素肥1次，用稀释饼肥水。

 病虫害防治 有时有叶腐病危害，发病初期可用65%代森锌可湿性粉剂600倍液喷洒。虫害有根结线虫危害，主要用换盆土来防治。

子宝锦

青鸾

多肉繁殖方法

播种: 在3~4月采用室内盆播,播前盆需高温消毒。种子播后不覆土,稍加轻压,筛上一薄层石英砂。发芽适温为20~24℃,播后8~10天发芽。幼苗生长较慢,浇水时应特别谨慎,防止冲倒幼苗,实生苗第2年可开花。

帝玉

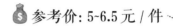
💰 **参考价:** 5~6.5 元 / 件

冬型种

帝玉 *Pleiospilos nelii*

特征: 多年生肉质植物。**原产地:** 南非。**叶:** 植株似元宝,叶片对生,表皮淡灰绿色,表面平,背面圆凸,密生深色小圆点。**花:** 单生,雏菊状,橙粉色,夏、秋季开花。**个性养护:** 春季是生长的主要季节,需保持盆土稍湿润,夏季控制浇水。

🌸 **开花:**夏秋　☀ **日照:**全日照　💧**水:**耐干旱

🌺 **繁殖:**叶插　⬤ **病虫害:**较少

💰 **参考价:** 7~9 元 / 件

冬型种

凤翼 *Pleiospilos compactus* 'Magnipunctatus'

特征: 多年生肉质植物。**原产地:** 南非。**叶:** 植株长而宽厚,如舌状,肉质,表面密生白色小圆点。**花:** 雏菊状,花开为黄色。**个性养护:** 蜕皮期要增加光照,控制浇水。夏季休眠期要放置在散射光处,减少浇水。

🌸 **开花:**夏秋　☀ **日照:**全日照　💧**水:**耐干旱

🌺 **繁殖:**叶插　⬤ **病虫害:**叶腐病

照波属
Bergeranthus

照波属约有10种。其植株矮小，群生，通常肉质叶短锥状。

属种习性

原产于非洲南部，喜温暖、干燥和阳光充足环境。不耐寒，耐干旱和半阴，忌水湿和强光。宜肥沃、疏松和排水良好的砂质壤土。

栽前准备

入户处理 刚买回的盆栽植株，摆放在有纱帘的窗台，避开强光。盆土不需多浇水，可向植株周围喷水，增加空气湿度。

栽培基质 盆土用腐叶土、培养土和粗沙的混合土，加入少量干牛粪。

花器 用直径10~12厘米的塑料盆，价格便宜、质地轻巧。

摆放 照波叶片肥厚多汁，清雅别致。夏季开出金黄色花朵，灼灼耀眼，十分惹人喜爱。照波用优质盆钵装饰，摆放茶几、博古架或窗台，清新典雅，赏心悦目。

新人四季养护

春秋季可充分浇水，必须在晴天中午进行。夏季花期必须有足够的光照，但不能强光曝晒。冬季气温低，盆土保持干燥。

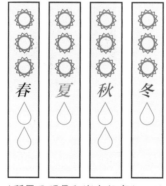

（所需日照量和浇水频率）

选购要领

网购要求植株健壮、端正、充实，株幅8~10厘米。花市挑选要求叶片肥厚、饱满，翠绿色，无缺损或折断，无虫斑。

栽培管理

换盆 每年春季换盆，去除基部干枯叶片。

施肥 夏季高温时正值生长期，每半月施肥1次。

病虫害防治 主要有叶斑病、锈病危害，可用波尔多液喷洒，每半月喷洒1次。虫害有介壳虫危害，用40%氧化乐果乳油1 500倍液喷杀。

照波

多肉繁殖方法

扦插：在春秋季进行，剪取充实叶片带基部，插于沙床，适温保持18~20℃，插后18~20天生根。

播种：4~5月采用室内盆播。发芽适温为20~22℃，播后8~10天发芽。

分株：3~4月结合换盆进行，将生长密集的株丛分开，可接上盆。

夏型种

照波 *Bergeranthus multiceps*

特征：多年生肉质植物。**原产地：**南非。**叶：**放射状丛生，叶三棱形，肉质，叶面平，背面龙骨突起，深绿色，密生白色小斑点。**花：**单生，黄色。**个性养护：**6~8月正值花期，开花常在光线充足的中午，应适当遮阴，通风，有利于叶片生长。

❀ 开花：夏 ☀ 日照：全日照 💧 水：耐干旱

🌸 繁殖：播种、分株 🦠 病虫害：较少

💰 **参考价：**2-4元 / 件

129

肉黄菊属
Faucaria

肉黄菊属有30种以上，为几乎无茎的多年生肉质植物。通常叶肥厚，十字交互对生，叶缘有凸出肉刺像牙齿一样，基部联合，先端三角形。花大，雏菊状，有粉红色、黄色或白色等，花期夏末至中秋。

属种习性

原产于南非的半沙漠地区，喜温暖、干燥和阳光充足环境。不耐寒，冬季温度不低于7℃。耐干旱和半阴，忌水湿和强光。宜肥沃、疏松和排水良好的砂质壤土。

栽前准备

入户处理 刚买回的盆栽植株，摆放在有纱帘的窗台或阳台，避开强光但也不要过于遮阴。盆土不需多浇水，可向植株周围喷水，增加空气湿度。冬季须摆放于温暖、阳光充足处越冬。

栽培基质 盆土用腐叶土、培养土和粗沙的混合土，加入少量骨粉。

花器 用直径12~15厘米的盆。使用透气性好，不容易积水的陶盆较好。

摆放 盆栽或框景栽培，摆放茶几、书房或窗台，奇特的叶形和黄色的花朵，显得格外清新迷人。

新人四季养护

春秋季生长期每2周浇水1次，盆土保持稍湿润。空气干燥时，可喷水增加湿度。浇水时不能浸湿叶片基部。夏季高温强光时，适当遮阴，控制浇水次数。冬季温度不低于7℃，控制浇水，盆土保持稍干燥。

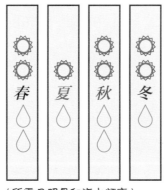

（所需日照量和浇水频率）

选购要领

网购要求植株健壮、端正、充实，株幅8~10厘米。花市挑选要求叶片肥厚、饱满、翠绿色，无缺损或折断，无虫斑。

栽培管理

换盆 每年春季后换盆。换盆时，剪除植株基部萎缩的枯叶。盆栽3~5年后，植株基部干枯、老化，需重新育苗更新。

施肥 生长期每月施肥1次，用稀释饼肥水。夏季高温时处于半休眠状态，停止施肥。

病虫害防治 主要有叶斑病和锈病危害肉质叶片，可用波尔多液每半月喷洒1次预防。室内通风差，易遭受介壳虫危害，可用牙刷轻轻刮除或用40%氧化乐果乳油1500倍液喷杀。

四海波

多肉繁殖方法

分株： 4~5月结合换盆进行，从基部切开，将带根的植物直接盆栽，无根植物可先插于沙床，待生根后再盆栽。

播种： 4~5月采用室内盆播，发芽适温为22~24℃，播后15~20天发芽。幼苗生长较慢，所以盆土不宜太湿。

中间型种

四海波 *Faucaria tigrina*

特征： 多年生肉质植物。**原产地：** 南非。**叶：** 交互对生，肉质，先端菱形，叶面扁平，叶背突起，灰绿色，叶缘有4~6对向后弯曲的肉齿。**花：** 花大，黄色。**个性养护：** 夏季高温强光时，处于半休眠状态，减少浇水量，适当遮阴和通风，暂停施肥。

❀ **开花：** 夏秋 ☀ **日照：** 全日照 💧 **水：** 耐干旱

✿ **繁殖：** 播种、分株 ● **病虫害：** 较少

💰 **参考价：** 2~6元 / 件

快刀乱麻属
Rhombophyllum

快刀乱麻属有3种,叶对生,肉质,线状或半圆柱状,呈镰刀形,顶端有分叉,中灰绿色至深灰绿色,具有白色或透明斑点,叶边有1~2个短齿。花雏菊状,金黄色,白天开花,花期夏季。

属种习性

原产于南非的丘陵边缘和低地,喜温暖、低湿和阳光充足环境。不耐寒,冬季温度不低于7℃。夏季适度浇水。

栽前准备

入户处理 刚买回来的盆栽要摆放在阳光充足的窗台,遇强光时稍遮阴。

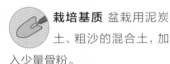

栽培基质 盆栽用泥炭土、粗沙的混合土,加入少量骨粉。

花器 用直径10~12厘米的盆,每盆栽苗1株。

摆放 宜摆放居室窗台、博古架、隔断和书桌、电脑桌旁,缓解视力疲劳。

新人四季养护

春秋季生长期盆土保持稍湿润,夏季高温强光时,适当遮阴,避免强光直射,减少浇水,否则容易导致植株腐烂,停止施肥。冬季搬进室内,在阳光充足处越冬。控制浇水,盆土保持稍干燥。

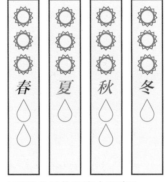

（所需日照量和浇水频率）

选购要领

网购要求植株矮壮,有分枝而对称,株高不超过15厘米。花市挑选要求叶片肥厚,镰刀状,灰绿色,无缺损,无病虫害。

栽培管理

换盆 每1~2年换盆1次,在春季进行。

施肥 较喜肥,生长期每月施肥1次。

病虫害防治 可喷洒65%代森锰锌可湿性粉剂600倍液,预防叶斑病。发生蚜虫病害时可用50%灭蚜威2 000倍液喷杀。

快刀乱麻

多肉繁殖方法

播种： 春季播种，发芽温度19~24℃。也可通过分株或扦插进行繁殖。

💰 参考价：5~9 元 / 件

冬型种

快刀乱麻
Rhombophyllum nelii

特征：多年生肉质植物。**原产地：**南非。**叶：**
对生，侧扁，先端2裂，呈龙骨状，淡绿至深
灰绿色，长2.5~5厘米。**花：**单生，金黄色，
花瓣背面有红晕，花径3厘米。**个性养护：**
生长期每2周浇水1次，开花期增加浇水量，
否则花朵会很快凋谢，冬季保持盆土稍干燥。

❀ **开花：**夏秋 ☀ **日照：**全日照 💧**水：**耐干旱

✿ **繁殖：**播种、分株 🌑 **病虫害：**较少

百合科
Liliaceae

十二卷属
Haworthia

十二卷属超过150种。植株矮小,单生或丛生,叶片呈莲座状,无茎或稍有短茎的多年生肉质植物。

属种习性

 原产于斯威士兰、莫桑比克和南非的低地或山坡。喜温暖、干燥和明亮光照的环境。不耐寒,冬季温度不低于10℃。怕高温和强光,不耐水湿。

栽前准备

 入户处理 十二卷属多肉刚网购回来的时候,要对植株进行全面检查,排查出藏在茎部、叶片重叠部分和根系部的介壳虫、线虫等。修根时要将根系残留土壤清理干净,将腐烂的、中空的、干瘪的根系剪除,在伤口处要涂抹杀菌药处理,晾干后再进行上盆操作。

 栽培基质 盆土用泥炭土、培养土和粗沙的混合土,加少量骨粉。

 花器 用直径10~12厘米的盆。使用透气性好,不容易积水的陶盆较好。

 摆放 置于窗台、门庭或客厅,翠绿清秀,挺拔秀丽,使居室环境更添幽雅气息。其玉露等品种由于具有耐半阴的特点,适合摆放书桌、卧室等半阴环境中。

新人四季养护

生长期需明亮的光照,肉质叶片才能长得充实、清晰、透明。生长期盆土保持稍湿润,夏季高温时植株处半休眠状态,盆土保持稍干燥。秋季叶片恢复生长时,盆土保持稍湿润。冬季严格控制浇水。叶片有硬质叶和软质叶之分,硬质叶稍微少浇水、软质叶稍微多浇水。

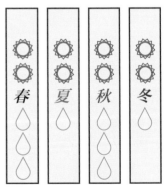

| 春 | 夏 | 秋 | 冬 |

(所需日照量和浇水频率)

琉璃殿

选购要领

网购要求植株健壮、端正、饱满，呈莲座状塔形，株高不超过20厘米。部分品种肉质叶排列成扇形，株高10厘米左右。在花市选择叶片多，肥厚，无缺损，无焦斑，无病虫危害。部分品种以顶端透明为佳。

玉露……

热销品种

姬寿 *Haworthia* 'Heidelbergensis'
条纹十二卷 *Haworthia fasciata*
玉扇 *Haworthia truncata*
玉露 *Haworthia cooperi*

栽培管理

 换盆 每年春季进行换盆，换盆前不要浇水。换盆时，可将干枯腐烂的老根修剪，盆底部分老的栽培土最好不要使用。

 施肥 每月施肥1次，用稀释饼肥水。

 病虫害防治 有时会发生根腐病、褐斑病，可用65%代森锌可湿性粉剂1 500倍液喷洒。发生粉虱、介壳虫危害时，用40%氧化乐果乳油1 000倍液喷杀。

多肉繁殖方法……

播种： 春季采用室内盆播，发芽适温21~24℃，播后2周发芽。

分株： 全年均可进行，常在春季4~5月换盆时，把母株周围幼株分离，盆栽即可。

扦插： 在5~6月进行，以叶插为主。将叶片剪下，稍干燥后扦插，否则切口易腐烂，影响成活率，也可切除顶部生长点，促使叶腋间萌发新苗后扦插。

条纹十二卷……

冬型种

姬寿 *Haworthia* 'Heidelbergensis'

特征：多年生肉质植物。**原产地：**栽培品种。
叶：叶短而肥厚，螺旋状生长，呈莲座状排列，半圆柱形，顶端呈水平三角形，截面平而透明，形成特有的"窗"状结构，窗上有明显脉纹。**花：**总状花序，花小，白色。**个性养护：**夏季高温会使其生长停止，需要摆放在遮阴、凉爽的地方。

✿ **开花：**夏秋 ☀ **日照：**全日照 💧 **水：**耐干旱
✤ **繁殖：**播种、分株 🦠 **病虫害：**较少

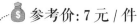

💰 **参考价：**7 元 / 件

💰 **参考价：**6-10 元 / 件

冬型种

草玉露
Haworthia cymbiformis var. *obtusa*

特征：多年生肉质植物。**原产地：**南非。**叶：**翠绿色，叶尖有一根细长的纤毛，整个植株往叶心合拢，叶片上的窗较小，叶片晶莹剔透，常年翠绿色或黄绿色。**花：**总状花序，花小。**个性养护：**生长期适度浇水，冬季保持干燥。

✿ **开花：**夏秋 ☀ **日照：**全日照 💧 **水：**耐干旱
✤ **繁殖：**播种、分株 🦠 **病虫害：**较少

冬型种

天使之泪
Haworthia marginata 'Torerease'

特征：多年生肉质植物。**原产地：**栽培品种。
叶：紧密轮生在茎轴上，呈螺旋状放射生长，叶肥厚、坚硬，成狭长三角形，表面绿色，有白色和浅绿色疣点，整个叶片翠绿色带白边。**花：**总状花序，花小。**个性养护：**光照不足，会造成株形松散。

✿ **开花：**夏秋 ☀ **日照：**全日照 💧 **水：**耐干旱
✤ **繁殖：**播种、分株 🦠 **病虫害：**较少

💰 **参考价：**25 元 / 件

💰 **参考价**: 13-19 元 / 件

冬型种

玉扇 *Haworthia truncata*

特征: 多年生肉质植物。**原产地**: 南非。
叶: 肉质, 长圆形, 淡蓝灰色, 排列成两列。直立, 稍向内弯, 顶部截形, 稍凹陷, 暗褐绿色, 表面粗糙, 具小疣突。**花**: 总状花序, 花筒状, 白色, 中肋绿色。**个性养护**: 栽培难度较大。夏季不可暴晒, 适当遮阴, 定期移动盆的方向。

✿ **开花**:夏秋 ☀ **日照**:明亮光照 💧 **水**:耐干旱
✿ **繁殖**:播种、分株 ● **病虫害**:较少

中间型种

万象锦

Haworthia maughanii 'Variegata'

特征: 多年生肉质植物。**原产地**: 栽培品种。
叶: 叶片圆锥状至圆筒状, 肉质, 呈放射状排列, 叶端截形, 淡灰绿色, 镶嵌黄色条斑。
花: 花小, 白色。**个性养护**: 与万象相比长势较弱, 温度逐渐升高, 浇水要逐渐减少。

✿ **开花**:夏 ☀ **日照**:明亮光照 △ **水**:耐干旱
✿ **繁殖**:播种、分株 ● **病虫害**:较少

💰 **参考价**: 9-15 元 / 件

💰 **参考价**: 3-5 元 / 件

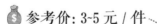

中间型种

条纹十二卷

Haworthia fasciata

特征: 多年生肉质植物。**原产地**: 南非。**叶**:
三角状披针形, 叶面扁平, 叶背凸起, 呈龙骨状, 具白色疣状突起, 排列成横条纹。**花**:
总状花序, 中肋红褐色。**个性养护**: 以浅栽为好, 夏季光线过弱会导致叶片退化缩小。

✿ **开花**:夏 ☀ **日照**:明亮光照 △ **水**:耐干旱
✿ **繁殖**:播种、分株 ● **病虫害**:腐根病

中间型种

康平寿 *Haworthia comptoniana*

特征: 多年生肉质植物。**原产地:** 南非。
叶: 肥厚,卵圆三角形,褐绿色,截面光滑,外倾,分布有网格状脉纹,尖端有软刺,叶缘有细齿。**花:** 花小,管状,绿白色。**个性养护:** 夏季适当遮阴,空气干燥时可喷水,使叶片充实饱满。叶片出现颜色变淡或褪色,多是由于遮阴时间过长,须及时增加光照。

🌸 **开花:**夏 ☀ **日照:**明亮光照 💧**水:**耐干旱
🌼 **繁殖:**播种、分株 ⬤**病虫害:**较少

💰 **参考价:** 8-19 元 / 件

💰 **参考价:** 15 元 / 件

中间型种

风车 *Haworthia starkiana*

特征: 多年生肉质植物。**原产地:** 南非。
叶: 三角形剑状,呈莲座状,坚硬,基部宽厚先端渐尖,绿色,叶面光滑,无疣点。**花:** 总状花序,花筒状,白色。**个性养护:** 夏季须适当遮阴,但遮阴时间不宜过长。生长期盆土稍湿润,每月施肥1次,用稀释饼肥水。冬季需充足阳光,若光线太强,叶片易变红。

🌸 **开花:**冬 ☀ **日照:**明亮光照 💧**水:**耐干旱
🌼 **繁殖:**叶插 ⬤**病虫害:**较少

中间型种

万象 *Haworthia maughanii*

特征: 多年生肉质植物。**原产地:** 南非。
叶: 叶片圆锥状至圆筒状,肉质,呈放射状排列,叶端截形,淡灰绿色至淡红褐色,叶面粗糙,有闪电般的花纹。**花:** 花白色,中肋褐色。**个性养护:** 盛夏半休眠时,严格控制浇水,保持盆土干燥。若盆土过湿,再加上通风差,容易导致"仙去"。

🌸 **开花:**夏 ☀ **日照:**明亮光照 💧**水:**耐干旱
🌼 **繁殖:**播种、分株 ⬤**病虫害:**较少

💰 **参考价:** 12 元 / 件

💰 参考价: 3~6 元 / 件

中间型种

鹰爪

Haworthia reinwardtii var. *rypica*

特征: 多年生肉质植物。**原产地:** 南非。
叶: 多数叶呈抱茎状态，倒卵剪刀状，叶面上部平稍凸，中央具少数白色星粒，背面凸状，白色星点多。**花:** 总状花序，花小，粉白色，中肋褐绿色。**个性养护:** 冬季需充足阳光，若光线太强，叶片易枯。

❋ **开花:** 春 ☀ **日照:** 明亮光照 ⬖ **水:** 耐干旱
❁ **繁殖:** 播种、分株 🌑 **病虫害:** 较少

中间型种

雪花寿

Haworthia turgida var. *suberecta*

特征: 多年生肉质植物。**原产地:** 南非。
叶: 肉质叶呈莲座状排列，叶面粗糙、有颗粒状突起，叶色呈翠绿色。**花:** 总状花序，白色，中肋褐色。**个性养护:** 夏季高温时进入半休眠期，适当遮阴，但遮阴时间不宜过长，以免肉质叶柔弱外翻，植物易倾倒。

❋ **开花:** 夏 ☀ **日照:** 明亮光照 ⬖ **水:** 耐干旱
❁ **繁殖:** 播种、分株 🌑 **病虫害:** 较少

💰 参考价: 4~10 元 / 件

💰 参考价: 2~4 元 / 件

中间型种

帝王寿

Haworthia retusa 'Kingiana'

特征: 多年生肉质植物。**原产地:** 栽培品种。
叶: 叶片旋转生长，叶的前端具三角形的窗，窗内透明分布着白色线状的纹路。肉质叶呈深绿色。**花:** 白色，中肋褐色。**个性养护:** 冬季室温过低，盆土过湿，易引起根部腐烂或叶片萎缩。

❋ **开花:** 夏 ☀ **日照:** 明亮光照 ⬖ **水:** 耐干旱
❁ **繁殖:** 播种、分株 🌑 **病虫害:** 较少

中间型种

白斑玉露

Haworthia cooperi 'Variegata'

特征: 多年生肉质植物。**原产地:** 栽培品种。
叶: 顶端角锥状的棒形肉质叶,呈半透明,
碧绿色间杂镶嵌乳白色斑纹。**个性养护:** 夏
季高温时植株处于半休眠状态,适当遮阴,
保持盆土稍干燥,少浇水。

❀ **开花:**夏秋 ☀ **日照:**明亮光照 ◐ **水:**耐干旱
✿ **繁殖:**播种、分株 ● **病虫害:**较少

💰 **参考价:** 9~16 元 / 件

💰 **参考价:** 9~15 元 / 件

冬型种

玉扇锦

Haworthia truncata 'Variegata'

特征: 多年生肉质植物。**原产地:** 栽培品种。
叶: 肉质,长圆形,淡蓝灰色,镶嵌黄色纵向
条斑,排列成二列,直立,稍向内弯,部分透
明。**花:** 筒状,白色。**个性养护:** 对光的反
应比较敏感,注意光线不要过强或过弱。过
强叶片变红,若过弱,叶片会退化缩小。

❀ **开花:**夏秋 ☀ **日照:**明亮光照 ◐ **水:**耐干旱
✿ **繁殖:**播种、分株 ● **病虫害:**较少

中间型种

琉璃殿 *Haworthia limifolia*

特征: 多年生肉质植物。**原产地:** 南非。
叶: 卵圆三角形,呈顺时针螺旋状排列,先
端急尖,正面凹,背面圆突,叶面深褐绿色,
布满绿色小疣点,呈瓦棱状。**花:** 总状花序,
花白色,中肋绿色。**个性养护:** 生长较慢,
无明显休眠期。每2年换盆1次,盆不宜太小,
以直径12~15厘米为宜。

❀ **开花:**夏 ☀ **日照:**明亮光照 ◐ **水:**耐干旱
✿ **繁殖:**播种、分株 ● **病虫害:**较少

💰 **参考价:** 3~5 元 / 件

💰 **参考价:** 15 元 / 件

夏型种

红寿 *Haworthia retusa* 'Rubra'

特征: 多年生肉质植物。**原产地:** 栽培品种。**叶:** 叶片卵圆三角形,肉质叶的截面脉纹清晰,表面淡绿或深绿色,带有红晕,常有细小疣点和白线。**花:** 管状,白色,中肋绿色。**个性养护:** 春秋季生长期每周浇水 1 次,保持盆土稍湿润,但盆土不能积水。盛夏高温时,停止施肥,减少浇水,保持盆土干燥。

❀ **开花:** 冬春 ☀ **日照:** 明亮光照 💧 **水:** 耐干旱

🌸 **繁殖:** 播种、分株 🥔 **病虫害:** 较少

中间型种

琉璃殿之光

Haworthia limifolia 'Variegata'

特征: 多年生肉质植物。**原产地:** 栽培品种。**叶:** 叶盘像旋转风车,多为顺时针方向旋转。叶卵圆状三角形,前端急尖,叶色深绿和黄色。**花:** 总状花序,花白色,中肋绿色。**个性养护:** 生长期每月施肥 1 次。无明显休眠期,冬季若保持 10~12℃,可继续生长。

❀ **开花:** 夏 ☀ **日照:** 明亮光照 💧 **水:** 耐干旱

🌸 **繁殖:** 播种、分株 🥔 **病虫害:** 较少

💰 **参考价:** 28 元 / 件

💰 **参考价:** 22-35 元 / 件

中间型种

克里克特寿

Haworthia corrocta

特征: 多年生肉质植物。**原产地:** 栽培品种。**叶:** 肉质叶呈莲座状排列,叶片肥厚,叶瓣表面粗糙、有很小的颗粒状突起,叶色深灰绿、稍透明,有灰白色网纹状线条。**花:** 小花筒形,灰白色,带有深色纵条纹。**个性养护:** 生长期保持盆土稍湿润。

❀ **开花:** 夏 ☀ **日照:** 明亮光照 💧 **水:** 耐干旱

🌸 **繁殖:** 播种、分株 🥔 **病虫害:** 较少

冬型种

龙城 *Haworthia viscosa*

特征： 多年生肉质植物。**原产地：** 南非。

叶： 三角形，先端尖，向下弯曲，肉质，坚硬，深绿色；叶面中凹；叶背布满小疣点。

花： 总状花序，花小，白色。**个性养护：** 盆土不能积水，空气干燥时可喷水，使叶片充实饱满。

❁ **开花：** 夏秋 ☀ **日照：** 明亮光照 ◌ **水：** 耐干旱
✿ **繁殖：** 播种、分株 ● **病虫害：** 较少

💰 参考价：4-7 元 / 件

💰 参考价：9-10 元 / 件

中间型种

九轮塔 *Haworthia reinwardtii var. chalwinii*

特征： 多年生肉质植物。**原产地：** 南非。

叶： 肥厚，先端急尖，向内侧弯曲，螺旋环抱株茎，叶背白色疣点大而明显，呈纵向排列。

花： 总状花序，花管状，淡粉白色，中肋淡绿褐色。**个性养护：** 坚持不干不浇的原则，冬季越冬温度不低于5℃。

❁ **开花：** 春 ☀ **日照：** 明亮光照 ◌ **水：** 耐干旱
✿ **繁殖：** 播种、分株 ● **病虫害：** 较少

中间型种

水晶掌

Haworthia cooperi var. translucens

特征： 多年生肉质植物。**原产地：** 南非。

叶： 叶顶部直立，下部展开，绿色，叶的上部1/3处透明，具有5~6条绿色纵线。**花：** 总状花序，花筒状，白色，中肋绿色。**个性养护：** 长期处于半阴下，生长过快，肉质叶较柔弱，易患病害。

❁ **开花：** 夏 ☀ **日照：** 明亮光照 ◌ **水：** 耐干旱
✿ **繁殖：** 播种、分株 ● **病虫害：** 较少

💰 参考价：9-12 元 / 件

💰 **参考价:** 16-20 元 / 件

中间型种

京之华锦 *Haworthia cymbiformis* f. *variegata*

特征: 多年生肉质植物。**原产地:** 栽培品种。
叶: 叶片倒卵形至卵圆形，肉质肥厚，呈莲座状，亮淡绿色，具不规则的白色斑纹。**花:** 总状花序，花漏斗状，淡粉白色，中肋淡褐绿色。**个性养护:** 生长期保持盆土稍湿润。

❀ **开花:** 春 ☀ **日照:** 明亮光照 ◌ **水:** 耐干旱
❀ **繁殖:** 播种、分株 ● **病虫害:** 较少

中间型种

白帝 *Haworthia attenuate* 'Albovariegata'

特征: 多年生肉质植物。**原产地:** 栽培品种。
叶: 三角状披针形，叶面扁平，叶背凸起，呈龙骨状，浅绿色至黄绿色，具白色疣状突起，呈横白条纹。**花:** 总状花序，花白色。**个性养护:** 冬季严格控制浇水，耐半阴。

❀ **开花:** 夏 ☀ **日照:** 明亮光照 ◌ **水:** 耐干旱
❀ **繁殖:** 播种、分株 ● **病虫害:** 较少

💰 **参考价:** 7-14 元 / 件

💰 **参考价:** 13-20 元 / 件

中间型种

青蟹寿 *Haworthia magnifica* var. *splendens*

特征: 多年生肉质植物。**原产地:** 南非。
叶: 叶片肉质，排列成莲座状，暗绿色，叶端斜截，截面为三角形隆起，叶缘呈棕褐色。**花:** 总状花序，花白色，有绿色中肋。**个性养护:** 盆土不能积水，空气干燥时可喷水，使叶片充实饱满。

❀ **开花:** 夏秋 ☀ **日照:** 明亮光照 ◌ **水:** 耐干旱
❀ **繁殖:** 播种、分株 ● **病虫害:** 较少

芦荟属
Aloe

芦荟属有300种。多呈莲座状,常绿多年生草本,也有些种类是灌木状或攀缘植物,少数为乔木状。

属种习性

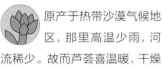 原产于热带沙漠气候地区,那里高温少雨,河流稀少。故而芦荟喜温暖、干燥和阳光充足的环境。不耐寒,冬季温度不低于10℃。耐干旱和半阴,忌强光和水湿。

栽前准备

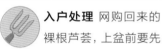 **入户处理** 网购回来的裸根芦荟,上盆前要先检查植株有无伤口,如有伤口,要先晾干伤口再上盆。刚买回的盆栽植株,必须摆放在阳光充足的窗台或阳台,避开强光但也不要过于遮阴。

 栽培基质 用腐叶土、培养土和河沙的混合土,加少量骨粉和石灰质。刚栽时少浇水。

 花器 用直径12~15厘米的盆,每盆栽苗1株,栽植不宜过深。可选用价格较便宜的塑料盆。

 摆放 置于窗台、门庭或客厅,翠绿清秀,挺拔秀丽,使居室环境更添幽雅气息。

新人四季养护

春秋季生长期盆土保持稍湿润,天气干燥时可向叶面喷水,但盆土不宜过湿。必须摆放在阳光充足的窗台或阳台,避开强光但也不要过于遮阴。夏季温度过高时会进入休眠期,应控制浇水。冬季减少浇水,盆土保持干燥。

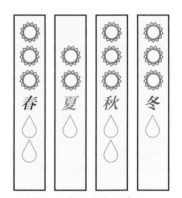

（所需日照量和浇水频率）

不夜城

选购要领

网购要求植株健壮、挺拔，茎干粗壮，株高不超过15厘米。花市挑选要求叶片肥厚，深绿色，叶缘四周长有肉齿，无缺损，无病虫危害。

千代田锦

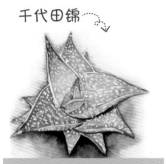

热销品种

不夜城 *Aloe mitriformis*
雪花芦荟 *Aloe rauhii* 'Snow Flake'
千代田锦 *Aloe variegata*
中华芦荟 *Aloe vera* var. *chinensis*
绫锦 *Aloe aristata*

栽培管理

 换盆 每年早春换盆。换盆前要注意剪除过长须根。

 施肥 生长期每半月施肥1次。大型芦荟种类可以多施一些，小型芦荟种类则少量施肥。

 病虫害防治 有时发生炭疽病和灰霉病危害，用10%抗菌剂401醋酸溶液1 000倍液喷洒。害虫有介壳虫、粉虱危害，用40%氧化乐果乳油1 000倍液喷杀。

多肉繁殖方法

分株： 3~4月将母株周围密生的幼株分开栽植，如幼株带根少或无根，可先插于沙床，生根后再盆栽。

扦插： 5~6月花后进行，剪取顶端短茎10~15厘米，待剪口晾干后再插入沙床，浇水不宜多，插后2周左右生根。

千代田锦

冬型种

不夜城 *Aloe mitriformis*

特征：多年生肉质植物。**原产地：**南非。
叶：卵圆披针形，肥厚，浅蓝绿色，叶缘四周长有白色的肉齿。**花：**总状花序，花筒状，深红色。**个性养护：**防止雨淋，注意水、肥沾污叶片或流入叶腋中，导致发黄腐烂。每年春季换盆，用直径12~15厘米盆，每盆栽苗1株。

✽ **开花：**冬 ☀ **日照：**全日照 ○ **水：**耐干旱
✿ **繁殖：**扦插、分株 ● **病虫害：**炭疽病

💰 **参考价：**3~6元 / 件

💰 **参考价：**12元 / 件

夏型种

两歧芦荟 *Aloe dichotoma*

特征：多年生肉质植物。**原产地：**南非。
叶：线状披针形，厚实，长15~25厘米，蓝绿色。叶缘与背面散生白色肉齿。**花：**总状花序，花筒状。**个性养护：**冬春秋季保持盆土稍湿润即可，防止积水造成烂根。每月可施肥1次，施肥不宜过多，否则会引起叶片徒长。

✽ **开花：**冬 ☀ **日照：**全日照 ○ **水：**耐干旱
✿ **繁殖：**扦插、分株 ● **病虫害：**较少

夏型种

雪花芦荟

Aloe rauhii 'Snow Flake'

特征：多年生肉质植物。**原产地：**栽培品种。
叶：三角披针形，呈莲座状排列，叶面亮绿色，几乎通体布满白色斑纹。**花：**顶生总状花序，花筒状，粉红色。**个性养护：**春季换盆时，剪除过长须根，夏季光线过强时，适当遮阴，使叶色更翠绿。

✽ **开花：**夏 ☀ **日照：**全日照 ○ **水：**耐干旱
✿ **繁殖：**扦插、分株 ● **病虫害：**较少

💰 **参考价：**6~8元 / 件

💰 参考价: 3 元 / 件

夏型种

中华芦荟

Aloe vera var. *chinensis*

特征: 多年生肉质植物。**原产地:** 中国。
叶: 幼苗叶成两列,叶面、叶背都有白色斑点。叶子长成后,白斑不褪。**花:** 花茎从植株中间长出,总状花序,黄绿色。**个性养护:** 初植的植株不宜晒太阳,夏季怕积水,冬季怕寒冷。

❀ **开花:**夏 ☀ **日照:**全日照 💧**水:**耐干旱
❀ **繁殖:**扦插、分株 ● **病虫害:**较少

夏型种

白雪芦荟

Aloe dorian 'Snow White'

特征: 多年生肉质植物。**原产地:** 栽培品种。
叶: 叶卵圆莲座状,肥厚,浅蓝绿色,叶缘四周围白边,叶片有白色斑点。**花:** 顶生总状花序,花筒状,粉红色。**个性养护:** 夏季高温时需要控制浇水。冬季温差大时,叶边会变粉红色。

❀ **开花:**夏 ☀ **日照:**全日照 💧**水:**耐干旱
❀ **繁殖:**扦插、分株 ● **病虫害:**较少

💰 参考价: 20 元 / 件

💰 参考价: 3~5 元 / 件 (种子)

夏型种

柏加芦荟 *Aloe peglerae*

特征: 多年生肉质植物。**原产地:** 南非。
叶: 肉质较厚,四周伴有尖刺,叶片为蓝色,背面圆凸,光照后叶片会变成粉红色。**花:** 总状花序,花筒状。**个性养护:** 切忌土壤干湿交替,做到干透浇透。生长期浇水可多些,盆土保持湿润,天气干燥时可向叶面喷水,但盆土不宜过湿。夏季、冬季控制浇水,盆土保持干燥。

❀ **开花:**夏 ☀ **日照:**全日照 💧**水:**耐干旱
❀ **繁殖:**扦插、播种 ● **病虫害:**较少

中间型种

绫锦 *Aloe aristata*

特征： 多年生肉质植物。**原产地：** 南非。
叶： 呈莲座状，叶披针形，肉质，叶上有小白色斑点和白色软刺，叶缘具细锯齿，深绿色。
花： 圆锥花序顶生，花筒状，橙红色。**个性养护：** 每年春季换盆时，剪除过长须根。刚栽时少浇水，摆放在阳光充足的窗台或阳台，每周浇水1次。

❀ **开花：** 秋　☀ **日照：** 全日照　💧 **水：** 耐干旱
✿ **繁殖：** 扦插、分株　● **病虫害：** 较少

💰 **参考价：** 4~7 元 / 件

💰 **参考价：** 15 元 / 件

夏型种

鬼切芦荟 *Aloe marlothii*

特征： 多年生肉质植物。**原产地：** 博茨瓦纳、南非。**叶：** 叶片呈莲座状，宽披针形，肉质，中绿色或灰绿色，叶两面和两缘有红褐齿。
花： 圆锥花序，花筒状，淡黄橙色。**个性养护：** 植株长高时注意扶正，防止倾斜生长。空气湿度大时，不需要多浇水。

❀ **开花：** 夏　☀ **日照：** 全日照　💧 **水：** 耐干旱
✿ **繁殖：** 扦插、播种　● **病虫害：** 较少

夏型种

千代田锦 *Aloe variegata*

特征： 多年生肉质植物。**原产地：** 南非。
叶： 叶片披针形，肉质，呈莲座状，深绿色，具不规则银白色斑纹，表面下凹呈"V"字形，叶缘密生细小齿状物。**花：** 总状花序腋生，花筒状，下垂，粉红色或鲜红色。**个性养护：** 秋季搬入室内养护，放阳光充足和通风场所，停止施肥，严格控制浇水。

❀ **开花：** 夏　☀ **日照：** 全日照　💧 **水：** 耐干旱
✿ **繁殖：** 扦插、播种　● **病虫害：** 较少

💰 **参考价：** 8~13 元 / 件

参考价: 5元/件(种子)

夏型种

第可芦荟 *Aloe descoingsii*

特征: 多年生肉质植物。**原产地:** 南非。
叶: 叶三角形至尖的卵圆形,呈莲座状,肉质,暗绿色,叶面密布白色小疣点,叶缘具白齿。**花:** 花小,钟状,浅橙黄色。**个性养护:** 生长期每半月施肥1次,施肥不宜过多,否则会引起叶片徒长。

✿ **开花:** 夏 ☀ **日照:** 全日照 ◌ **水:** 耐干旱
✿ **繁殖:** 扦插、播种 ● **病虫害:** 较少

夏型种

唐力士 *Aloe melanacantha*

特征: 多年生肉质植物。**原产地:** 纳米比亚。**叶:** 披针形,叶背龙骨和两缘有黑刺状齿。**花:** 花序不分枝,深红转黄色,尖端绿色。**个性养护:** 夏季温度过高时有短暂休眠,控制浇水。刚盆栽的小苗不耐高温和雨淋,可适当遮阴。

✿ **开花:** 夏 ☀ **日照:** 全日照 ◌ **水:** 耐干旱
✿ **繁殖:** 扦插、播种 ● **病虫害:** 较少

参考价: 3~6元/件

夏型种

翡翠殿 *Aloe juvenna*

特征: 多年生肉质植物。**原产地:** 南非。
叶: 叶片互生,旋列于茎顶,呈轮状,叶三角形,嫩绿色,两面具白色斑纹,叶缘有白色缘齿。**花:** 总状花序顶生,花小,淡粉红色,带绿尖。**个性养护:** 宜浅栽,刚栽植不宜浇水过多。天气干燥时可向叶面喷水,但盆土不宜过湿。

✿ **开花:** 夏 ☀ **日照:** 全日照 ◌ **水:** 耐干旱
✿ **繁殖:** 扦插、播种 ● **病虫害:** 较少

沙鱼掌属
Gasteria

沙鱼掌属有50~80种。无茎或有非常短的茎，多年生肉质植物。常群生状。通常做观花和观叶栽培。

属种习性

原产于纳米比亚、南非的低地或山坡地。喜温暖、干燥和阳光充足环境。不耐寒，冬季温度不低于10℃。耐干旱和半阴，怕水湿和强光。

栽前准备

入户处理 刚买回的盆栽植株，摆放在阳光充足的窗台或阳台，不要摆放在通风差或过于遮阴的场所。盆土不需多浇水，可向植株周围喷水，增加空气湿度。冬季须摆放温暖、阳光充足处越冬。

栽培基质 盆土用腐叶土和粗沙的混合土。

花器 用直径12~15厘米的盆。使用透气性好，不容易积水的陶盆较好。

摆放 用于点缀窗台、案头或博古架，古色古香，带有浓厚的乡土气息。

新人四季养护

春秋季生长期盆土保持干燥，每月浇水1次，叶面可多喷水。耐高温但夏季高温时，植株进入休眠状态，少浇水，多喷雾。强光时要适当遮阴，否则叶片在强光下会变淡粉色。冬季盆土保持干燥。

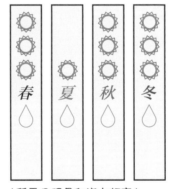

（所需日照量和浇水频率）

选购要领

网购的裸根多肉要求叶片肥厚，坚硬，深绿色，无缺损，无焦斑，无病虫危害。选购的盆栽植株，要求植株粗壮、饱满，叶片无伤口，株高不超过10厘米。

栽培管理

换盆 每2~3年换盆1次，春季进行，剪除植株基部萎缩的枯叶和过长的须根。

施肥 生长期每月施肥1次，用稀释饼肥水。使用液肥时，不要沾污叶片。

病虫害防治 常发生根腐病和叶斑病危害，可用70%甲基托布津可湿性粉剂1 000倍液喷洒。虫害有介壳虫，用40%氧化乐果乳油2 000倍液喷杀。

多肉繁殖方法

播种: 春季播种,发芽适温19~24℃,播后10~12天发芽。苗期盆土保持稍干燥,半年后移栽上盆。

叶插: 生长期用叶插,将舌状叶切下,晾干后插入沙床,2~3周生根。

分株: 春季换盆时,将母株旁生的蘖枝切下进行分株繁殖。

子宝锦

夏型种

子宝锦 *Gasteria gracilis* var. *minima* 'Variegata'

特征: 多年生肉质植物。**原产地:** 栽培品种。
叶: 叶面深绿色,布满白色疣点,镶嵌纵向黄色条斑,厚5~6厘米。**花:** 总状花序,长20~25厘米,花小,管状,橙红色。**个性养护:** 冬季如盆土过湿,又遇低温,根部及叶片易受冻害。

🌼 **开花:**夏 ☀ **日照:**全日照 💧**水:**耐干旱
🌸 **繁殖:**扦插、播种 🦠**病虫害:**较少

💰 **参考价:** 5~10 元 / 件

💰 **参考价:** 3.5~9 元 / 件

中间型种

奶油子宝
Gasteria gracilis 'Variegata'

特征: 多年生肉质植物。**原产地:** 栽培品种。
叶: 舌状,两侧互生,叶表面有深黄色斑纹。
花: 总状花序,花小,管状,橙红色。**个性养护:** 盛夏少浇水,多喷雾,需要明亮的散射光。

🌼 **开花:**春夏 ☀ **日照:**全日照 💧**水:**耐干旱
🌸 **繁殖:**扦插、播种 🦠**病虫害:**较少

龙舌兰科
Agavaceae

虎尾兰属
Sansevieria

虎尾兰科约有60种。通常无茎,有匍匐的根状茎,常绿多年生草本。叶多纤维、肉质,直立或旋叠在基部,扁平或圆柱状,常有绿色的横带。总状花序或圆锥花序,花较小,筒状,绿白色,芳香。

属种习性

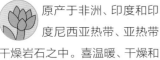

原产于非洲、印度和印度尼西亚热带、亚热带干燥岩石之中。喜温暖、干燥和阳光充足环境。不耐寒,冬季温度不低于8℃。耐半阴,怕水湿。宜肥沃、疏松和排水良好的砂质壤土。生长期适度浇水,冬季稍湿润。生长期每月施肥1次。

栽前准备

 入户处理 刚买回的盆栽植株,需要摆放在有纱帘的窗台和阳台,不要摆放在阳光过强或光线不足的场所。植株长出新叶后,可多浇水,盆土保持湿润。盛夏强光直射时需拉上纱帘。冬季需放温暖、阳光充足处越冬。

 栽培基质 用腐叶土、培养土和煤渣的混合土,加少量豆饼屑等作为基肥。

 花器 用直径15~20厘米的盆,每盆栽苗1株。株幅较大的,可达60厘米以上。

 摆放 置于窗台、茶几或书桌上,青翠挺拔,使居室环境顿觉明净素雅。

新人四季养护

春季根茎处萌发新植株时要适当多浇水,保持盆土湿润,浇水时要避免水进入叶簇内。夏季高温时,须避免烈日直射,保持盆土湿润。秋季随时间推移,要逐渐控制浇水量,盆土保持相对干燥。冬季温度不低于8℃,保持盆土稍湿润。

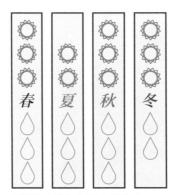

(所需日照量和浇水频率)

选购要领

网购回来的植株,要求叶丛匀称、叶片肥厚、直立斑纹清晰,叶片无缺损、折断。花市上购买的盆栽植株,要求植株丰满、挺拔,株高不超过60厘米。具金边的品种,要求边缘金黄色带宽阔明显,叶片完整。

栽培管理

 换盆 每2年换1次盆,一般春季进行。

 施肥 换盆时可少量施加堆肥。生长期每月施肥1~2次,施肥量要少,用稀释饼肥水,冬季要停止施肥。

 病虫害防治 夏季高温多雨季节叶片会发生叶斑病,降低盆土湿度,同时可用波尔多液喷洒。害虫有介壳虫、粉虱危害,用40%氧化乐果乳油1 000倍液喷杀。

多肉繁殖方法

叶插： 将叶片剪成小段直插，放半阴干处，2~3周后就可以从叶基处长出不定芽。可通过叶插大量繁殖种苗。

分株： 春夏季节进行，将生长过密的叶丛切割成若干丛，每丛带有一段根状茎和吸芽，用盆栽种即可。部分的斑锦品种为保持亲本观赏性状，只能采取分株繁殖。

中间型种

金边虎尾兰

Sansevieria trifasciata 'Laurentii'

特征： 多年生肉质植物。**原产地：** 栽培品种。
叶： 中绿至深绿色，有银灰色虎纹斑，叶缘两侧有宽的黄色斑纹。**花：** 总状花序，绿色或绿白色。**个性养护：** 移栽幼苗时不宜浇水过多，生长期盆土稍湿润。

❀ **开花：** 春 ☀ **日照：** 耐半阴 💧 **水：** 耐干旱
🌸 **繁殖：** 分株 🍠 **病虫害：** 较少

💰 **参考价：** 10元/件

龙舌兰属
Agave

龙舌兰属超过200种。植株呈莲座状，叶肉质，长短不一，叶缘和叶尖多有硬刺。似伞形花序状的总状花序或圆锥花序，花漏斗状，筒短。大多数种类开花、结实后枯萎死亡。

属种习性

原产于南美、中美、北美的沙漠地区和山区，以及西印度群岛。喜温暖、干燥和阳光充足的环境。不耐严寒，冬季温度不低于5℃。耐半阴和干旱，怕水涝。喜肥沃、疏松和排水良好的砂质壤土。

栽前准备

入户处理 刚买回的盆栽植株，必须摆放在阳光充足的窗台、阳台或庭园，不要摆放在光线不足的场所。待植株的顶端长出新叶后，可多浇水，平时多喷水，用软抹布擦叶片，保持清洁。

栽培基质 用腐叶土、泥炭土和河沙的混合土，加少量骨粉。盆底铺一层碎瓦片，避免土壤从盆底的孔洞漏出。

花器 用直径15~30厘米的盆，每盆栽苗1株。常用透气性好，不容易积水的陶盆。

摆放 放在窗台、茶几或花架上，翠绿光润，小巧迷人，新奇别致。在南方，点缀在小庭园或山石旁，也十分古朴典雅。

新人四季养护

生长期正常浇水，盆土保持稍湿润。若盆土过湿或积水，会引起叶片发黄，根部腐烂。夏季需充分浇水，可多浇水、多喷水，每3~4周施低氮素肥1次。秋季控制浇水，减少浇水次数，冬季保持干燥。

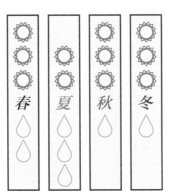

（所需日照量和浇水频率）

选购要领

网购回来的植株，要求叶片坚挺、肥厚，排列有序。选购的盆栽植株，要求挺拔，呈莲座状，株幅不超过40厘米。边缘镶嵌着金黄色条纹，无缺损、折断，无病虫害。

栽培管理

换盆 生长缓慢，不需要经常换盆。一般在春季4月换盆，切去死根。

施肥 成株每3~4周施低氮素肥1次，切勿经常喷洒肥料，否则容易引起肥害。入秋停止施肥。

病虫害防治 有时发生炭疽病和灰霉病危害，用10%抗菌剂401醋酸溶液1 000倍液喷洒。害虫有介壳虫、粉虱危害，用40%氧化乐果乳油1 000倍液喷杀。

多肉繁殖方法

播种: 早春播种, 发芽温度21℃。播后要在盆面盖上透明的玻璃片进行保温保湿, 播后7~10天即可出苗。

分株: 春季或秋季在母株旁侧有小植物, 可分株繁殖。

夏型种

小型笹之雪

Agave victoriae-reginae 'Micro Form'

特征: 多年生常绿草本。**原产地:** 美国、墨西哥。**叶:** 三角状长圆形, 厚质, 深绿色, 具白色斑纹, 叶尖圆, 顶端具棕色刺。**花:** 总状花序, 花米白色。**个性养护:** 生长期需充足阳光, 夏季强光时适当遮阴。

❀ **开花:** 夏 ☀ **日照:** 全日照 💧 **水:** 耐干旱

❀ **繁殖:** 分株、播种 🐛 **病虫害:** 较少

💰 **参考价:** 10元/件

菊科
Compositae

千里光属
Senecio

千里光属有1000余种。有一二年生草本、多年生草本、藤本、灌木和小乔木等，其多肉品种的特征为直立或匍匐的草本。叶形状很多，大多肉质。头状花序，花色以黄色、白色、红色、紫色多见。

属种习性

 原产于南非、非洲北部、印度中部和墨西哥。喜温暖、干燥和阳光充足环境。不耐寒，耐半阴和干旱，忌水湿和高温。宜肥沃、疏松和排水良好的砂质壤土。大多数种类夏季休眠。

栽前准备

 入户处理 刚买回的盆栽植株，摆放在阳光充足的窗台或阳台，不要放在强光直射或过于遮阴的地方，浇水不需多，盆土保持稍湿润。

 栽培基质 盆土用腐叶土或泥炭土、肥沃园土和粗沙的混合土。

 花器 用直径12~15厘米的盆。选用质地轻巧、价格便宜的塑料盆，部分品种可以用塑料吊盆。

 摆放 宜放在窗台、阳台或茶几。茎叶舒展优美，洋溢着一股自然野趣。

新人四季养护

春秋季生长期盆土保持稍湿润，天气干燥时可向叶面喷水，但盆土不宜过湿。必须摆放在阳光充足的窗台或阳台，避开强光但也不要过于遮阴。夏季温度过高时会进入半休眠期，应控制浇水，宁干勿湿。冬季减少浇水，盆土保持干燥。

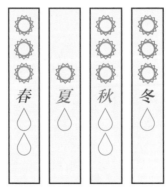

（所需日照量和浇水频率）

选购要领

网购回来的植株，要求植株完整，无缺损，无病虫危害。花市上选购的盆栽植株要求植株粗壮，基部分枝多，株高不超过20厘米。

栽培管理

 换盆 每3~4年换盆1次，春季进行。刚换盆后，不宜多浇水。

 施肥 每月施肥1次，用稀释饼肥水。切忌肥液沾污肉质叶片。

 病虫害防治 空气湿度大和通风不畅时，会发生霜霉病和茎腐病危害，发生初期用200单位农用链霉素粉剂1 000倍液喷洒。也会发生粉虱和蚜虫危害，可用10%吡虫啉可湿性粉剂1 500倍液喷杀。

多肉繁殖方法

扦插： 以春秋季进行为好，将充实健壮的茎段剪下，长8~10厘米，顶端茎部更好。平铺在沙床上，插条基部稍轻压一下或斜插于沙床中，稍浇水保持湿润，适温保持15~22℃，插后10~15天，从茎节处生根，随后长出新叶，即可上盆。

蓝松

夏型种

蓝松 *Senecio serpens*

特征： 多年生肉质亚灌木。**原产地：** 南非。**叶：** 半圆棒状形，顶端尖，浅蓝灰色，表面具多条线沟，长3厘米。**花：** 头状花序，花小，浅黄白色，长1厘米。**个性养护：** 春秋季生长旺盛期，可每月施肥1次。冬季摆放在阳光充足的场所，叶片充实、粗壮，蓝色越浓。

❀ **开花：** 夏　☀ **日照：** 全日照　💧 **水：** 耐干旱
🌸 **繁殖：** 扦插　● **病虫害：** 蚜虫

💰 **参考价：** 1-5 元 / 件

💰 **参考价：** 4-5 元 / 件

中间型种

绿之铃 *Senecio rowleyanus*

特征： 多年生肉质植物。**原产地：** 南非。**叶：** 肉质，圆如念珠，直径1厘米，有微尖的刺状凸起，淡绿色至深绿色，有一条透明纵纹。**花：** 花小，白色。**个性养护：** 盆栽或吊盆生长过程中，盆面和下垂的茎叶生长繁茂，应注意修剪调整，保持优美株态。

❀ **开花：** 春　☀ **日照：** 全日照　💧 **水：** 耐干旱
🌸 **繁殖：** 扦插　● **病虫害：** 较少

厚敦菊属
Othonna

厚敦菊属约有150种。有常绿和落叶的灌木、小灌木以及多肉植物。有的具块根，叶棒状、线状或扇形，簇生或交互对生，全缘或具浅裂。头状花序，花黄色或白色。

属种习性

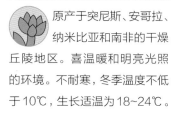

原产于突尼斯、安哥拉、纳米比亚和南非的干燥丘陵地区。喜温暖和明亮光照的环境。不耐寒，冬季温度不低于10℃，生长适温为18~24℃。生长期节适度浇水，冬季保持稍湿润。

栽前准备

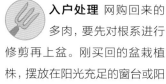

入户处理 网购回来的多肉，要先对根系进行修剪再上盆。刚买回的盆栽植株，摆放在阳光充足的窗台或阳台，不要放在强光直射或过于遮阴的地方。

栽培基质 盆土用腐叶土或泥炭土、肥沃园土和粗沙的混合土。还可加入少量的稻壳炭等有机肥做底肥。

花器 用直径12~15厘米的盆。选用质地轻巧、价格便宜的塑料盆。

摆放 摆放在窗台、阳台上，茎叶青翠，清新悦目，十分可爱。

新人四季养护

春秋季生长期可充分浇水，忌盆土长期干透，容易导致底部叶片干枯。需要充足光照，否则植株容易徒长。夏季忌闷湿，控制浇水次数，高温时节，可适当遮阴，需要少量直射光保证植株不徒长。冬季减少浇水，盆土保持稍干燥。

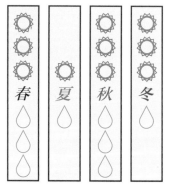

（所需日照量和浇水频率）

选购要领

网购回来的植株要求植株完整，无缺损，无病虫危害。在花市上选购盆栽植株要求植株粗壮，不徒长，株高不超过12厘米。

栽培管理

换盆 每3~4年换盆1次，春季进行。刚换盆后，不宜多浇水。

施肥 夏秋季施肥3~4次，用稀释饼肥水。应防止水肥淋到叶片表面。

病虫害防治 空气湿度大和通风不畅时，会发生霜霉病和茎腐病危害，发生初期用200单位农用链霉素粉剂1 000倍液喷洒。也会发生粉虱和蚜虫危害，可用10%吡虫啉可湿性粉剂1 500倍液喷杀。

多肉繁殖方法

播种：以秋季进行为好，选择新鲜的种子发芽率更高，合适温度保持10~20℃。发芽过程中种子会出现一层黏液包裹，属于正常现象。

扦插：春秋生长期节，剪取枝条进行扦插，生根后盆栽，极易成活。

紫弦月

💰 参考价：1.5~5元/件

中间型种

紫弦月 *Othonna capensis*

特征：多年生肉质植物。**原产地：**南非。**叶：**纺锤形，日照充足时为扁球形。茎不太肉质，平卧地面或垂吊，平常绿色，日照充分下会从绿色变为紫红色。**花：**花小，黄色。**个性养护：**初期生根需水量不多，生长期每周浇水1次，忌强光暴晒。夏季进入半休眠状态，需严格控水。

🌸 **开花:**秋冬 ☀ **日照:**全日照 💧 **水:**耐干旱

🌼 **繁殖:**扦插 🦠 **病虫害:**较少

💰 参考价：2.5元/件（种子）

中间型种

棒叶厚敦菊

Othonna clavifolia

特征：灌木状肉质植物。**原产地：**安哥拉、南非。**叶：**茎部有多处圆疣状生长点，每个生长点上生有棍棒状肉质叶，灰绿色。**花：**顶生头状花序，花雏状，柠檬黄色。**个性养护：**生长期适度浇水，冬季保持盆土稍湿润。

🌸 **开花:**夏 ☀ **日照:**全日照 💧 **水:**耐干旱

🌼 **繁殖:**扦插、播种 🦠 **病虫害:**较少

夹竹桃科
Apocynaceae

沙漠玫瑰属
Adenium

沙漠玫瑰属原有5~6种，现合并为1种。具肥大的块茎，有膨大的茎干和全缘的披针形叶，在寒冷地区冬季落叶，叶汁有毒。有美丽的高脚碟状花。

属种习性

原产于东非、西南非、阿拉伯半岛。喜高温、干燥和阳光充足环境。不耐寒，耐高温和干旱，生长适宜温度为22~30℃，冬季温度不低于15℃。宜富含钙质、排水良好的砂质壤土。

栽前准备

入户处理 刚买回的盆栽植株，摆放在阳光充足的窗台或阳台，不要放在光线不足的地方，浇水不需多，可向叶面喷水，但不能向花朵上喷水，盆土保持稍湿润。

栽培基质 盆土用腐叶土和粗沙的混合土。

花器 用直径15~25厘米的盆，每盆栽苗1~3株。选用质地轻巧、价格便宜的塑料盆。

摆放 装饰窗台、阳台或落地窗旁，呈现出喜气洋洋的气氛。在南方栽植在小庭院中，展现出古朴端庄的景观。

新人四季养护

春季生长期盆土宜干不宜湿每2~3天浇水1次。夏季温度过高时每天浇水1次，秋冬季落叶后进入休眠期，应该减少浇水，盆土保持干燥。

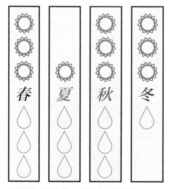

（所需日照量和浇水频率）

选购要领

网上购买的植株，要求根系完整，叶片繁茂，深绿色，无缺损，无黄叶，无病虫危害。花市上选购的盆栽植株，要求分枝多、丰满，基部茎干膨大，株高不超过50厘米。

栽培管理

换盆 每2年换盆1次，春季或花后进行。刚换盆后，不宜多浇水。

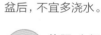
施肥 全年施肥2~3次，用稀释饼肥水。休眠期停止施肥。

病虫害防治 常见介壳虫刺吸茎叶，严重时导致植株枯萎死亡，同时诱发煤污病，虫害初期，可以用海绵刷或干抹布擦拭，严重时可用10%多来宝乳液或40%速扑杀乳油1500倍液喷杀。

多肉繁殖方法

扦插： 夏季选取1~2年生的顶端枝，剪成10厘米长，待切口晾干后插于沙床，3~4周可生根。

压条： 可用高空压条繁殖，用水苔和薄膜包扎，约4周生根，6周后剪下盆栽。

播种： 夏季进行，发芽适温21℃

中间型种

沙漠玫瑰 *Adenium obesum*

特征： 多年生肉质植物。**原产地：** 阿拉伯半岛。
叶： 卵圆形，肥厚，灰绿色，长10厘米。**花：** 伞房花序，花高脚碟状，红色、粉色或白色。
个性养护： 生长期宜干不宜湿，平时2~3天浇1次，夏季每天1次。

✿ **开花：** 夏　☀ **日照：** 全日照　◇ **水：** 耐干旱
✽ **繁殖：** 扦插、压条　● **病虫害：** 较少

💰 **参考价：** 10 元 / 件

萝藦科
Asclepiadaceae

球兰属
Hoya

球兰属有200多种，多为常绿藤本或多年生亚灌木，有些附生型植物。具藤状茎，叶大小不一，对生，肉质或常绿革质，常被蜡。花集成聚伞花序，花冠肉质，裂片被蜡。

属种习性

 原产于亚洲、澳大利亚和太平洋群岛的温暖热带雨林地区。喜高温、多湿和半阴环境。不耐寒，冬季温度不低于10℃。怕强光，忌过湿。宜肥沃、疏松和排水良好的砂质壤土。攀缘种类应设置支撑物。

栽前准备

 入户处理 刚买回的盆栽植株，摆放在阳光充足的窗台或阳台，不要放在强光直射或过于遮阴的地方，盆土保持稍湿润。

 栽培基质 盆土用腐叶土或泥炭土、肥沃园土和粗沙的混合土。

 花器 用直径15~20厘米的盆，每盆栽种2~3株。可以用塑料吊盆悬吊栽植。

 摆放 供悬吊观赏，飘逸潇洒的藤蔓，宛如绿帘，十分优雅。

新人四季养护

春秋季生长期依附支架攀缘生长，适度浇水，见干见湿，忌用钙质水。夏季避免阳光直射，适当遮阴，加强通风；每周喷水2次，经常向叶面喷水，增加空气湿度，切忌向花序喷水。花期时，不宜随意移动花盆，否则易引起落花落蕾。冬季减少浇水，盆土保持干燥。

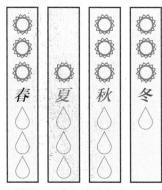

（所需日照量和浇水频率）

选购要领

网购的球兰要求植株完整，无伤口，叶片无缺损，无病虫危害。花市上选购的盆栽植株，要求植株粗壮，完整，无缺损，基部分枝多。

栽培管理

 换盆 每3~4年换盆1次，春季进行。刚换盆后，不宜多浇水。

 施肥 生长期每半月施肥1次，多施钾肥更好。切忌肥液沾污肉质叶片。

 病虫害防治 有时发生叶斑病和白粉病危害，发病初期可用70%甲基托布津可湿性粉剂1 000倍液喷洒。还会发生红蜘蛛和蚜虫危害，可用10%吡虫啉可湿性粉剂1 500倍液喷杀。

多肉繁殖方法

扦插: 夏末取半成熟枝或花后取顶端枝, 长8~10厘米, 插穗必须带茎节, 清洗剪口乳液, 晾干后插入沙床, 适温保持20~25℃, 插后20~30天生根。

压条: 春末夏初将充实茎蔓在茎节间处稍加刻伤, 用水苔在刻伤处包上, 外用薄膜包上, 扎紧, 待生根后剪下盆栽。

心叶球兰

夏型种

球兰 *Hoya carnosa*

特征: 常绿肉质藤本。**原产地:** 中国南部、印度。**叶:** 厚质, 卵状椭圆形, 全缘, 深绿色。**花:** 伞形花序, 花小, 星状, 乳白色, 中心紫红色。**个性养护:** 较喜水。生长期适度浇水, 忌用钙质水; 夏季每周喷水2次, 忌向花序喷水; 冬季保持稍湿润。

💲 **参考价:** 45元 / 件 (成株)

✿ **开花:** 夏　☀ **日照:** 明亮光照　💧 **水:** 耐干旱

🌸 **繁殖:** 扦插　🔴 **病虫害:** 较少

💲 **参考价:** 4-9 元 / 件 (单叶)

夏型种

心叶球兰 *Hoya kerrii*

特征: 常绿肉质藤本。**原产地:** 泰国、老挝。**叶:** 心形, 对生, 厚实, 肉质, 深绿色, 长10~15厘米, 密生细白毛, 背面灰白色。**花:** 星状, 乳白色, 后变褐色, 花径1厘米, 稍有香气。**个性养护:** 较喜肥。生长期每半月施肥1次, 多施钾肥更好。

✿ **开花:** 夏　☀ **日照:** 全日照　💧 **水:** 耐干旱

🌸 **繁殖:** 扦插　🔴 **病虫害:** 较少

吊灯花属
Ceropegia

吊灯花属有200多种。常绿或半常绿，直立、下垂或攀缘的多年生草本。其中许多种类为多肉植物。叶对生，呈卵状心形至披针形或线形。花细长，筒状或灯笼状。

属种习性

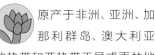 原产于非洲、亚洲、加那利群岛、澳大利亚的热带和亚热带干旱或雨林地区。喜温暖、干燥和阳光充足的环境。不耐寒，冬季温度不低于10℃。

栽前准备

入户处理 刚买回的盆栽植株应摆放或悬挂在阳光充足的窗台、阳台或室内花架上，不要放在有强光或过于遮阴的场所，浇水要谨慎，过多肥水将导致茎叶徒长，节间伸长。防止雨淋，空气干燥时向叶面喷雾。冬季须摆放温暖、阳光处越冬。

栽培基质 盆土用腐叶土、肥沃园土和河沙的混合土，加入少量骨粉。准备陶粒，避免土壤从盆底的孔洞漏出。

 花器 用直径15~20厘米的盆。可以用塑料吊盆，使枝蔓垂掉下来。

 摆放 盆栽或吊盆栽培，摆放于案头、书桌或悬挂窗台、门庭，看起来轻盈别致。

新人四季养护

春秋季生长期充分浇水，盆土保持湿润，天气干燥时可向叶面喷水。夏季温度过高时，植株会进入半休眠状态，适当遮阴，每月浇水2~3次。冬季减少浇水，每3周浇水1次，盆土保持干燥。

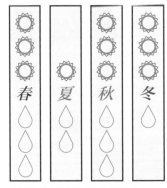

（所需日照量和浇水频率）

选购要领

网购的爱之蔓要求茎节短，叶片肥厚呈鸡心形，表面有白色大理石花纹，无缺损，无黄叶，无病虫危害。在花市上选购盆栽植株，除了叶片外，还要求植株造型好，下垂感强，枝条分布匀称，茎叶基本覆盖全盆。

栽培管理

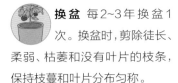 **换盆** 每2~3年换盆1次。换盆时，剪除徒长、柔弱、枯萎和没有叶片的枝条，保持枝蔓和叶片分布匀称。

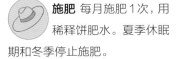 **施肥** 每月施肥1次，用稀释饼肥水。夏季休眠期和冬季停止施肥。

病虫害防治 有时发生叶斑病危害，发病初期可用70%甲基托布津可湿性粉剂1 000倍液喷洒。虫害有粉虱危害，用40%氧化乐果乳油1 500倍液喷杀。

多肉繁殖方法

播种：早春采用室内盆播，发芽适温19~24℃，播后2~3周发芽。

扦插：初夏剪取带节的茎蔓扦插，长8~10厘米，横铺于沙床上，约2周后可生根。春秋季剥下叶腋间的小块茎直接盆栽。

爱之蔓

💰 **参考价：14-19 元 / 件**

夏型种

爱之蔓 *Ceropegia woodii*

特征：多年生蔓生草本。**原产地：**南非。**叶：**心形，肉质，中绿色，具灰绿色或紫色斑纹，背面紫色。**花：**筒状，像灯笼，淡紫褐色，具紫色毛。

个性养护：夏季高温时，植株暂处半休眠状态，适当遮阴，停止施肥，减少浇水。

❀ **开花：**夏　☀ **日照：**全日照

💧 **水：**耐干旱　🌸 **繁殖：**扦插、播种

🦠 **病虫害：**叶斑病、粉虱

水牛角属
Caralluma

水牛角属有80~100多种,群生。株茎肉质,匍匐,4~5棱,蓝灰色或蓝绿色,有明显的肉刺。花钟状,顶生或侧生。

属种习性

原产于地中海地区、非洲、阿拉伯半岛及印度、缅甸。喜温暖、干燥和阳光充足的环境。不耐寒,冬季温度不低于10℃。怕高温多湿,耐干旱。宜肥沃、疏松和排水良好的砂质壤土。

栽前准备

入户处理 刚买回的盆栽植株应摆放在阳光充足的窗台、阳台或室内花架上,不要放在有强光或过于遮阴的场所。盆土表面变干时浇水,盛夏需要遮光。冬季须摆放温暖、阳光处越冬。

栽培基质 盆土用腐叶土和粗沙的混合土,加入少量骨粉和干牛粪。准备陶粒,避免土壤从盆底的孔洞漏出。

花器 用直径12~15厘米的盆。选用制作精良,造型美观的瓷盆。

摆放 摆放在案头、书桌或博古架,显得十分古朴典雅,像是一件有生命的"小摆件"。

新人四季养护

春秋季生长期适当浇水,盆土保持湿润。夏季植株处于半休眠状态和冬季休眠时,盆土保持稍干燥,但不能完全干燥,否则茎干会皱缩枯萎。夏季高温时要注意遮阴、通风。

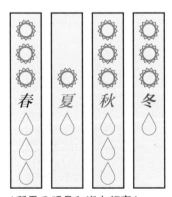

(所需日照量和浇水频率)

选购要领

网购回来的植株要求茎干灰绿色,棱边长有齿状突起,形似龙角,表面散生紫色斑纹,无缺损,无病虫危害。花市上选购的盆栽植株,要求植株矮小,基部分枝多,茎4棱,粗壮,株高不超过20厘米。

栽培管理

换盆 每2~3年换盆1次。换盆时,剪除过密或老化枝条。

施肥 每月施肥1次,用稀释饼肥水。夏季休眠期和冬季停止施肥。

病虫害防治 有时发生叶斑病危害,发病初期可用70%甲基托布津可湿性粉剂1000倍液喷洒。虫害有粉虱危害,用40%氧化乐果乳油1500倍液喷杀。

紫龙角

多肉繁殖方法

扦插: 春季换盆时剪取充实茎干,以茎的分枝处为好,剪口小,愈合快。待剪口处晾干后再扦插,适温保持在20℃为宜。

💰 **参考价:** 2-3 元 / 件

夏型种

紫龙角

Caralluma hesperidum

特征: 多年生肉质草本。**原产地:** 非洲。**叶:** 茎无叶,4棱,分枝呈半直立状或匍匐状,表面灰绿色,棱缘波状,有齿状突起。**花:** 花小,开展的钟形,深褐红色,被白色浓毛。**个性养护:** 夏季高温时,植株暂处于半休眠状态,适当遮阴。刚栽苗株不需多浇水,夏、冬季盆土保持稍干燥。

❀ **开花:** 夏 ☀ **日照:** 全日照
💧 **水:** 耐干旱 🌸 **繁殖:** 播种
🪲 **病虫害:** 较少

马齿苋科
Portulaceae

马齿苋树属
Portulacaria

马齿苋树属有1~3种。丛生状,多年生肉质灌木。细枝柔软,有分枝,老枝木质化。叶小,圆形,肉质。聚伞花序或短的总状花序,花杯状或碟状。

属种习性

 原产于纳米比亚、南非、斯威士兰和莫桑比克的半干旱和丘陵低地。喜温暖和明亮光照。不耐寒,冬季温度不低于10℃。

栽前准备

 入户处理 刚买回的盆栽植株,必须摆放在阳光充足的窗台或阳台,避开强光但也不要过于遮阴。浇水不宜多,过湿、过肥会导致茎叶徒长。防止雨淋和通风不畅,否则容易遭受病虫危害。

 栽培基质 用腐叶土、肥沃园土和粗沙的混合土,加少量的过磷酸钙。

 花器 用直径12~15厘米的盆,每盆栽苗1~3株。使用透气性好,不容易积水的陶盆较好。

 摆放 盆栽摆放在窗台、案头或博古架,其细巧玲珑的叶片,十分讨人喜欢。

新人四季养护

春秋季生长期盆土保持湿润,充分浇水,但要求盆土排水好。夏季高温时,对水分需求不高,向盆器周围喷雾,增加空气湿度。若过分缺水或通风不好,会引起叶片变黄脱落。冬季没有明显的休眠期,室温保持在10℃以上为宜,若低于5℃则叶片大量脱落。室温低时减少浇水,保持盆土干燥。

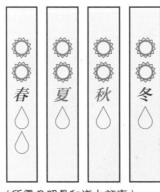

（所需日照量和浇水频率）

选购要领

网购回来的植株要求茎节短,叶片对生,肉质,绿色,叶缘具黄斑及红晕,无缺损,无病虫危害。在花市上选购盆栽植株,要求植株健壮、丰满,分枝多,茎叶基本覆盖盆面,株高在5~10厘米。

栽培管理

 换盆 每年春季换盆。换盆时,剪除过长和过密的茎节,保持茎叶分布匀称。

 施肥 每2个月施肥1次,用稀释饼肥水,切忌施肥过量。

 病虫害防治 有叶斑病、锈病危害,发病初期用50%萎锈灵可湿性粉剂2 000倍液喷洒。虫害有介壳虫,可用40%氧化乐果乳油1 000倍液喷杀。

多肉繁殖方法

扦插: 春季或秋季剪取半成熟枝,长8~10厘米,插于沙床,约3周可生根,4周后上盆。

雅乐之舞

💰 **参考价:** 2-5元/件

夏型种

雅乐之舞

Portulacaria afra 'Foliisvariegata'

特征: 多年生肉质灌木。**原产地:** 栽培品种。**叶:** 对生,肉质,绿色,叶缘具黄斑及红晕。**花:** 花坛状。**个性养护:** 夏季温度高于35℃,须向盆器周围喷雾,增加空气湿度。雅乐之舞很少看到结种,目前繁殖主要用扦插法,以春秋季为好。

🌼 **开花:**夏 ☀ **日照:**明亮光照 💧 **水:**耐干旱

🌸 **繁殖:**扦插 🐞 **病虫害:**锈病

💰 **参考价:** 1-2元/件

夏型种

金枝玉叶

Portulacaria afra 'Variegata'

特征: 多年生肉质灌木。**原产地:** 栽培品种。**叶:** 肉质叶交互对生,新叶的边缘有粉红色晕,以后随着叶片的长大,红晕逐渐后缩。**花:** 花坛状。**个性养护:** 叶片会因日照时间增多而变得饱满,枝干会由绿色转为紫红色。

🌼 **开花:**夏 ☀ **日照:**明亮光照 💧 **水:**耐干旱

🌸 **繁殖:**扦插 🐞 **病虫害:**较少

回欢草属
Anacampseros

回欢草属约有50种，为矮小的匍匐状多年生肉质植物。其特征为叶小，具托叶，托叶有两种形态，一种是纸质托叶包在细小叶外面，着生在较大的肉质基部。总状花序，花白色、粉红色和红色。

属种习性

 原产于非洲和澳大利亚的干旱地区。喜温暖、干燥和阳光充足环境。不耐寒，耐干旱和半阴，忌水湿和强光。宜肥沃、疏松和排水良好的砂质壤土。

栽前准备

入户处理 刚买回的盆栽植株，必须摆放在阳光充足的窗台或阳台，避开强光但也不要过于遮阴，浇水不宜多，过湿、过肥会导致茎叶徒长。防止雨淋和通风不畅，否则容易遭受病虫危害。

栽培基质 用腐叶土和河沙的混合土。准备陶粒，避免土壤从盆底的孔洞漏出。

春梦殿锦

 花器 用直径12~15厘米的盆。使用透气性好，不容易积水的陶盆较好。

 摆放 可摆放于案头、书桌、窗台、门庭，看起来轻盈别致、热闹非凡。

新人四季养护

生长期节充分浇水，浅根性肉质植物，浇水不宜多，盆土要求排水好，保持稍干燥。天气干燥时向花盆周围喷雾，不要向叶面喷水。冬季室温低，盆土保持干燥。除夏季高温强光时应适当遮阴外，其他时间保证充足光照。

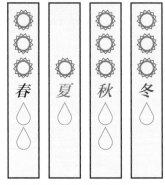

（所需日照量和浇水频率）

选购要领

网购回来的植株，要求茎节短，叶片肥厚、匀称，无缺损，无病虫危害。花市上选购的盆栽植株，要求植株丰满，茎直立，叶面上红、黄、绿色斑纹明显，叶间密生白色丝状毛，株高在5~15厘米。

栽培管理

 换盆 每年春季换盆。换盆时，剪除枯叶和长茎，生长过程中随时剪除伸长的茎节，保持叶片分布匀称。

施肥 每月施肥1次，用稀释饼肥水，施肥过量时茎叶生长旺盛，茎节伸长，叶片柔软，容易腐烂。

病虫害防治 有时发生炭疽病危害，用50%托布津可湿性粉剂1500倍液喷洒。虫害有粉虱、介壳虫危害，用50%杀螟松乳油1000倍液喷杀。

多肉繁殖方法

播种： 4~5月采用室内盆播，发芽适温为 20~25℃，播后15~21天发芽，幼苗生长较快。

扦插： 5~6月进行，剪取健壮、肥厚的顶端茎叶，长 3~4厘米，7~8片，稍晾干后插于沙床，土壤保持稍干燥，插后21~27天生根。

夏型种

春梦殿锦 *Anacampseros telephiastrum* 'Variegata'

特征： 多年生肉质草本。**原产地：** 栽培品种。

叶： 倒卵形，叶面绿色、黄色、红色间杂，长2厘米。**花：** 总状花序，小花1~4朵，深粉色。

个性养护： 春秋季增加光照时间，叶片转变为红色。叶片间会长出缕缕白丝。夏季高温强光时应适当遮阴，盆土保持干燥。日常浇水时，不要向叶面喷水。

❁ **开花:** 夏　☀ **日照:** 全日照　◇ **水:** 耐干旱

✿ **繁殖:** 扦插、播种　● **病虫害:** 炭疽病

💰 **参考价:** 1-5 元 / 件

仙人掌科
Cactaceae

金琥属
Echinocactus

金琥属约15种。是一种生长慢的球形或圆筒形仙人掌。刺棱明显，棱直，刺硬。刺座上生有垫状毡毛，顶部毡毛更密集。花顶生，钟状，黄色、粉色或红色，成年植株夏季开花，昼开夜闭。

属种习性

原产于美国南部和墨西哥。喜温暖、干燥和阳光充足环境。不耐寒，生长适温13~24℃，冬季温度不低于8℃。耐半阴和干旱，怕水湿和强光。宜肥沃、疏松和排水良好的砂质壤土。

栽前准备

入户处理 刚买回的盆栽植株，必须摆放在阳光充足的窗台或阳台，遇强光时拉带纱帘，但时间不宜过长，否则影响刺色。放在温暖、阳光充足和通风处越冬。

栽培基质 用腐叶土、肥沃园土和粗沙的混合土，加少量的石灰质和干牛粪。

花器 用直径12~40厘米的盆。使用透气性好，不容易积水的陶盆较好。

摆放 球体大，浑圆，布满金黄色硬刺，用于点缀台阶、门厅、客厅，显得金碧辉煌。小球盆栽摆放于窗台、书房或餐室，活泼自然，别有意趣。

新人四季养护

生长期每周浇水1次，盆土保持稍湿润，春季每2周浇水1次，冬季停止浇水，空气干燥时，向周围喷水。

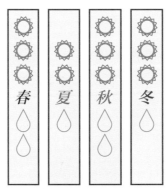

| 春 | 夏 | 秋 | 冬 |

（所需日照量和浇水频率）

选购要领

花市上选购的盆栽植株，要求球形，棱脊多，刺座大，无老化症状。刺密集，新鲜，光亮。球面亮绿色，斑锦品种镶嵌黄白色斑块者更佳，无缺损，无病虫危害。

栽培管理

换盆 每年春季换盆1次。换盆时，根系过长应修根。

施肥 生长期每个月施肥1次，用稀释饼肥水，切忌施肥过量。

病虫害防治 有叶斑病、锈病危害，发病初期用50%萎锈灵可湿性粉剂2 000倍液喷洒。虫害有介壳虫，可用40%氧化乐果乳油1 000倍液喷杀。

多肉繁殖方法

嫁接：从株体上切削一块嫁接到量天尺上，并绑紧，待愈合成活后再松绑。长大后从量天尺上切下来，栽在沙床中，生根后盆栽。

播种：种子细小，播种前要将播种土高温消毒，新鲜种子一般播后1~2周发芽。幼苗根系浅，生长慢，管理必须谨慎。

金琥

💰 **参考价:** 2-10 元 / 件

夏型种

狂刺金琥 *Echinocactus grusonii* var. *intertextus*

特征：多年生肉质草本。**原产地：**墨西哥。
叶：植株深绿色，刺座上的周围刺和中刺呈不规则弯曲，金黄色，其中刺比金琥的稍宽。
花：花钟状，黄色，花径3~4厘米。**个性养护：**球体旁生小球，应及时切除，以免影响母球生长。

❀ **开花:** 春秋 ☀ **日照:** 全日照 💧 **水:** 耐干旱
❁ **繁殖:** 嫁接、播种 🐛 **病虫害:** 较少

💰 **参考价:** 18 元 / 件

夏型种

绫波 *Echinocactus texensis*

特征：多年生肉质草本。**原产地：**美国、墨西哥。**叶：**茎淡灰绿，刺座排列稀，绵毛状。周围刺6~7枚，中刺1枚，粗壮，均为红褐色。
花：花淡粉红色，长5~6厘米，具粉红色或橙红色喉。**个性养护：**生长期每周浇水1次，冬季停止浇水。

❀ **开花:** 夏 ☀ **日照:** 全日照 💧 **水:** 耐干旱
❁ **繁殖:** 嫁接、播种 🐛 **病虫害:** 较少

乳突球属
Mammillaria

乳突球属有150~400种，是整个仙人掌族群中最大的。球形至圆筒形或柱状。单生或丛生，有的具肉质根。茎不具棱，全被排列规则的疣突包围，疣突圆锥状或圆柱状，很多种类具白色乳汁。

属种习性

原产于墨西哥和美国南部、西印度群岛、中美洲、哥伦比亚和委内瑞拉的半沙漠地区。喜温暖、干燥和阳光充足环境。不耐严寒，冬季温度不低于7℃。耐半阴和干旱，怕水湿。宜肥沃、疏松和排水良好的砂质壤土。

栽前准备

入户处理 刚买回的盆栽植株须摆放在阳光充足的窗台或阳台，不要摆放在通风差或光线不足的场所，遇强光时拉上纱帘。

栽培基质 盆土用肥沃园土和粗沙的混合土，加少量干牛粪。准备陶粒，避免土壤从盆底的孔洞漏出。

花器 用直径10~12厘米的盆。使用透气性好，不容易积水的陶盆较好。

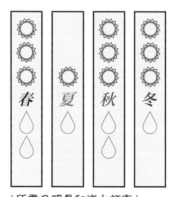
摆放 用于点缀案头、书桌、茶几，十分潇洒。如群生盆栽，好似山石盆景自然雅致，非常值得品味。

新人四季养护

春秋季生长期，适度浇水，每2周浇水1次，盆土保持一定湿度。夏季高温闷热天气，盆土保持稍干燥，适当遮阴，但遮阴时间不宜过长。冬季停止浇水，盆土保持干燥，放温暖、阳光充足和通风处越冬。浇水不宜对毛刺喷淋，否则影响毛刺色彩。

（所需日照量和浇水频率）

选购要领

花市上选购的盆栽植株，要求圆筒形，丛生，株高不超过15厘米，株形优美。有花者佳，无缺损，无污迹，无病虫危害。

栽培管理

换盆 每2年换盆1次，早春进行。

施肥 生长期春末至夏季每月施肥1次。秋季只需施肥1次，控制枝芽生发，防止冬季冻死。

病虫害防治 常见有炭疽病和斑枯病危害，发病初期用75%百菌清可湿性粉剂800倍液喷洒。如果室内通风不畅，易发生红蜘蛛危害，可用40%三氯杀螨醇乳油1000倍液喷杀。

金手指

多肉繁殖方法

播种： 冬末或早春采用室内盆播，发芽温度19~24℃，播后5~7天发芽。

扦插、嫁接： 春季将母株上的子球剥下进行分株繁殖，初夏剥下子球进行扦插或嫁接繁殖。如果子球过于拥挤或影响植株造型，需要剥除，也可用于繁殖。

白鸟

🛍 参考价：1-3 元 / 件

夏型种

白鸟 *Mammillaria herrerae*

特征： 多年生肉质植物。**原产地：** 墨西哥。**叶：** 茎质软，表皮中绿色。刺座上密生白色周围刺，布满整个球体。**花：** 钟状，淡粉红至淡紫红色，长2.5厘米。**个性养护：** 阳光充足，有利于刺毛的发育。夏季高温闷热天气要适当遮阴，但遮阴时间不宜过长。

✿ **开花:**春夏　☀ **日照:**全日照　💧 **水:**耐干旱

✿ **繁殖:**扦插、播种　● **病虫害:**炭疽病

🛍 参考价：2.5-7 元 / 件

夏型种

金手指 *Mammillaria elongata*

特征： 多年生肉质植物。**原产地：** 墨西哥。**叶：** 茎圆筒形，肉质柔软，中绿色。刺座着生周围刺15~20枚，黄白色，中刺3枚，黄褐色。**花：** 白色或黄色。**个性养护：** 生长过程中以稍干燥为好，切忌过湿或排水不畅。

✿ **开花:**夏　☀ **日照:**全日照　💧 **水:**耐干旱

✿ **繁殖:**扦插、播种　● **病虫害:**红蜘蛛

仙人指属
Schlumbergera

仙人指属约有6种，灌木状，附生类或岩生类仙人掌。植株直立后转悬垂，肉质茎分裂，呈扁平、长圆形或倒卵形，有些种类叶状茎边缘几乎呈锯齿状。花喇叭状，红色。花期多冬末春初。

属种习性

原产于巴西东南部的热带雨林中。喜温暖、湿润和半阴环境。不耐寒，怕强光和雨淋。宜肥沃、疏松的砂质壤土。

栽前准备

入户处理 刚买回的盆栽植株，须摆放在有纱帘的窗台或阳台，不要摆放在过于荫蔽或有强光的场所。浇水不宜过多，待有新的叶状茎长出后可增加浇水，但盆内不能过湿或积水。

栽培基质 盆土用泥炭土、培养土和粗沙的混合土。

花器 用直径12~15厘米的盆，每盆栽苗3~5株。使用精美、美观的瓷盆较好。

摆放 用于点缀门厅、走廊或客厅，美丽多彩的花朵，显得格外亮丽，使得整个居室充满喜悦和浪漫。

新人四季养护

冬季生长期和开花期每周浇水2次，盆土保持湿润。出现花蕾时要少搬动，以免发生落蕾落花。空气干燥时，每3~4天向叶状茎喷雾1次。花后处于半休眠状态，控制浇水。其他时间每2周浇水1次，盆土保持稍湿润。

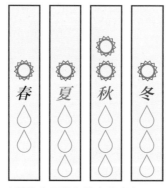

（所需日照量和浇水频率）

选购要领

网购回来的盆栽，要求植株矮壮、充实、分枝多，分布匀称，造型优美。在花市上挑选的盆栽，要求叶状茎肥厚，亮绿色，有花蕾或开花者更佳，无缺损，无病虫危害。

栽培管理

换盆 每2~3年换盆1次，春季进行。剪短过长或剪去过密的叶状茎。

施肥 生长期每月施肥1次，用稀释饼肥水。每月施1次高磷肥。

病虫害防治 常见有炭疽病和斑枯病危害，发病初期用75%百菌清可湿性粉剂800倍液喷洒。虫害有介壳虫，可用40%氧化乐果乳油1000倍液喷杀。

多肉繁殖方法

嫁接: 以量天尺作砧木,接穗取肥厚叶状茎2节,用嵌接法固定在砧木上,约10天愈合成活。

扦插: 春夏季剪取健壮、肥厚的叶状茎1~2节,稍晾干,插入沙床中,插后2~3周生根。花后进行疏剪,剪下的叶状茎也可用于扦插。

夏型种

仙人指

Schlumbergera × buckleyi

特征: 附生类仙人掌。**原产地:** 巴西。**叶:** 茎叶状,长圆形或倒卵形,中脉明显,边缘浅波状,长2~5厘米。**花:** 花紫红色,两侧对称,长7厘米。**个性养护:** 生长期、开花期每周浇水2次,其他时间每2周浇水1次。生长期每月施肥1次,切忌肥液沾湿球体。

❀ **开花:**冬 ☀ **日照:**全日照 💧 **水:**耐干旱

🌸 **繁殖:**播种、分株 🐛 **病虫害:**介壳虫

💰 **参考价:** 8~9 元 / 件

裸萼球属
Gymnocalycium

裸萼球属有50种。多呈球形至圆筒形。其形态清楚、平缓，有横沟，分割成颚状突起。花顶生，杯状，花苞的表面平滑，昼开夜闭。

属种习性

 原产于巴西、玻利维亚、巴拉圭、阿根廷和乌拉圭的岩石荒漠地带和草原上。喜温暖、干燥和阳光充足的环境。不耐寒，生长适温18~25℃，冬季温度不低于10℃。耐半阴和干旱，怕水湿和强光。宜肥沃、疏松和排水良好的砂质壤土。

栽前准备

 入户处理 刚买回的盆栽植株须摆放在阳光充足的窗台或阳台，不要摆放在通风差或光线不足的场所。盆土保持稍干燥，光线过强时注意遮阴。放温暖、阳光充足处越冬。

栽培基质 用腐叶土、培养土和粗沙的混合土。准备陶粒，避免土壤从盆底的孔洞漏出。

 花器 用直径15~20厘米的盆。使用透气性好，不容易积水的陶盆较好。

 摆放 除赏花之外，球体色泽缤纷多彩，形态变化多样，可以说是"常年不败的花朵"。适合盆栽和瓶景观赏，十分素雅别致。

新人四季养护

春夏季每周浇水1次，盆土保持一定湿度，秋季每2~3周浇水1次，生长期光线过强时，中午适当遮阴。冬季光线不足，球体变得暗淡失色，温度不宜低于10℃，同时停止浇水。

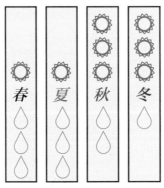

（所需日照量和浇水频率）

选购要领

在花市上选购的盆栽植株，要求直立，不倾斜，无老化症状。刺密集，无缺损，无病虫危害。

栽培管理

 换盆 每2~3年换盆1次，早春进行。

 施肥 生长期每月施低氮素肥1次。

 病虫害防治 易发生炭疽病，发病初期可用70%代森锰锌可湿性粉剂600倍液喷洒防治。若室内摆放，通风不畅，易发生红蜘蛛危害，可用40%速果松乳油1500倍液喷杀。

多肉繁殖方法

播种: 冬末或早春播种, 发芽温度 19~24℃。

嫁接: 常以量天尺做砧木, 嫁接前选好冠上的部位, 用刀片切割下来, 把两者绑紧即可, 10天愈合松绑。

绯花玉

夏型种

绯花玉

Gymnocalycium baldianum

特征: 多年生肉质植物。**原产地:** 巴西。**叶:** 茎具9~11浅棱, 深绿色, 圆疣状突起。刺座着生周围刺5~7枚, 灰黄色。**花:** 花顶生, 漏斗状, 紫红色。**个性养护:** 春夏季每周浇水1次, 秋季每月浇水1次, 冬季停止浇水。

❀ **开花:** 春夏 ☀ **日照:** 全日照 ◌ **水:** 耐干旱

✿ **繁殖:** 扦插、播种 ● **病虫害:** 较少

💰 **参考价:** 5~8 元 / 件

💰 **参考价:** 10 元 / 件

夏型种

牡丹玉 *Gymnocalycium mihanovichii* var. *friedrichii*

特征: 多年生肉质植物。**原产地:** 巴西。**叶:** 茎青绿色, 具8~12个瘠薄的棱, 棱壁有横肋。刺座上有"颚状"突起, 有周围刺黄白色, 中刺新刺黄褐色, 老刺灰褐色。**花:** 花顶生, 漏斗状。**个性养护:** 冬季盆土保持干燥, 有利于球体安全越冬。

❀ **开花:** 夏 ☀ **日照:** 全日照 ◌ **水:** 耐干旱

✿ **繁殖:** 扦插、播种 ● **病虫害:** 较少

星球属
Astrophytum

星球属有4~6种，是干燥地区生长很慢的一种多年生仙人掌。因为植物本身酷似星星，又称为星类仙人掌。花单生，大，漏斗状，昼开夜闭，黄色，有时喉部红色。

属种习性

原产于美国得克萨斯州和墨西哥的北部及中部。喜温暖、干燥和阳光充足的环境。较耐寒，耐半阴和干旱，怕水湿，也耐强光，且具刺和茸毛的品种需强光，盛夏适度遮阴。以肥沃、疏松、排水良好和含石灰质的砂质壤土为宜。

栽前准备

入户处理 刚买回的盆栽植株，须摆放在阳光充足的窗台或阳台，不要摆放在通风差或光线不足的场所。

栽培基质 盆土用富含石灰质的腐叶土和粗沙的混合土。准备陶粒，避免土壤从盆底的孔洞漏出。

花器 用直径12~15厘米的盆。使用透气性好，不容易积水的陶盆较好。

摆放 适用于室内书桌、案头和茶几上摆设，会使居室显得轻松活泼。也适合与其他仙人掌或多肉植物制作组合盆栽和玻璃箱，塑造自然景观用以欣赏。

新人四季养护

生长期每2周浇水1次，浇水时不要淋湿球体，盆土保持一定湿度，秋冬季盆土保持干燥。夏季高温时要注意遮阴通风。冬季室温不宜低于7℃，温度过低，就要停止浇水，摆放在阳光充足、温暖的地方。

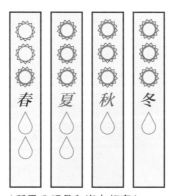

（所需日照量和浇水频率）

选购要领

花市上选购的盆栽植株，要求植株呈球状，轮廓清晰，株形优美。球体直径在8~10厘米为宜，有开花者更好。无缺损，无污迹，无病虫危害。

栽培管理

换盆 每2~3年换盆1次。如果发现根部腐烂，可将植株托出，切除腐烂部分，晾干后插在沙床中，待生根后再盆栽。

施肥 生长期每月施肥1次。在生长期要控制氮素肥料的供应，避免株形过长。

病虫害防治 最常见的病害是灰霉病和疮痂病，发病初期用70%甲基托布津可湿性粉剂1 000倍液喷洒。高温通风差时，易发生红蜘蛛危害，可用40%氧化乐果乳油1 500倍液喷杀。

多肉繁殖方法

播种：早春播种，发芽适温21℃，发芽率在90%以上。

嫁接：用量天尺做砧木，接后10天愈合成活，第2年开花。

杂交：不同品种还可进行杂交育种繁殖，杂交后变化大，无论在棱的数目、茎部斑锦的变化、刺座的多少等方面都有明显的变异。

五角弯凤玉

夏型种

弯凤玉

Astrophytum myriostigma

特征：多年生肉质植物。**原产地：**墨西哥。
叶：球形至圆筒形，茎4~8棱，表面青绿色，布满白色星点。**花：**漏斗状，黄色红心，花长4~6厘米。**个性养护：**弯凤玉根系较浅，盆栽不宜过深，每年春天换盆，盆底多垫瓦片。

❀ **开花:**夏 ☀ **日照:**全日照 ◌ **水:**耐干旱
✿ **繁殖:**播种 ● **病虫害:**较少

💰 **参考价:** 5-10 元 / 件

💰 **参考价:** 7 元 / 件

夏型种

兜 *Astrophytum asterias*

特征：多年生肉质植物。**原产地：**墨西哥。
叶：半球形，具8个宽厚的低棱，表面青绿色，均匀分布有白色茸点，沿棱脊着生白色刺座。
花：顶生，漏斗状，鲜黄色，喉部红色。**个性养护：**冬季进入休眠期，温度不宜过高，以10℃为宜。

❀ **开花:**夏 ☀ **日照:**全日照 ◌ **水:**耐干旱
✿ **繁殖:**播种 ● **病虫害:**较少

第三章

做合格的多肉家长

欢迎"新成员"

别外行，
常用术语先知道

常见景天科、百合科等多肉组合盆栽

多肉植物（succulent plant）

又称肉质植物、多浆植物，为茎、叶肉质，具有肥厚贮水组织的观赏植物。茎肉质多浆的如仙人掌科植物，叶肉质多浆的如龙舌兰科、景天科、仙人掌科等多肉植物。多肉植物的爱好者也喜欢简称其为"多肉"。

景天科

科名（family）

植物分类单位的学术用语，形态结构接近的一个属或几个属，可以组成植物分类系统的一个科。如景天科由30个属组成。

石莲花属

属名（genus）

植物分类单位的学术用语，每一个植物学名，必须由属名、种名和定名人组成。每一个属下包括一种至若干种。

芦荟

种名（species）

植物分类单位的学术用语，每一种植物只有一个种名。在属名之后，变种或栽培品种名之前。

狂刺金琥

变种（variety）

物种与亚种之下的分类单位。如仙人掌科中的类栉球就是栉刺尤伯球的变种，狂刺金琥是金琥的变种等。

花月锦

锦（variegation）

又称彩斑、斑锦。茎部全体或局部丧失了制造叶绿素的功能，使茎部表面出现红、黄、白、紫、橙等色或色斑。

花月夜缀化

缀化（fasciation）

或称冠，是一种不规则的芽变现象。其学名的写法上常用f. *cristata* 或 'Cristata'。

发财树

茎干状多肉植物（caudex succulent）

植物的肉质部分主要在茎的基部，形成膨大而形状不一的肉质块状体或球状体。

休眠中的山地玫瑰

休眠（dormancy）

植物处于自然生长停顿状态，还会出现落叶或地上部死亡的现象。常发生在冬季和夏季。

雅乐之舞

夏型种（summer type）

生长期在夏季，而冬季呈休眠状态的多肉植物，称为夏型植物。主要是开花的时间在夏季，这里的夏季指多肉在原产地的夏季气候。

玉坠

冬型种（winter type）

生长期在冬季，而夏季呈休眠状态，称为冬型植物。这里的冬季指多肉在原产地的冬季气候。

金琥

单生（simple, solitary）

指植株茎干单独生长不产生分枝和不生子球。如仙人掌中的金琥。

茜之塔

群生（clustering）

指许多密集的新枝或子球生长在一起。如仙人掌科中的松霞；景天科中的茜之塔等。

攀缘茎（climbing stem）

依靠特殊结构攀缘他物而向上生长的茎。如景天科中的极乐鸟，薯蓣科中的龟甲龙等。

极乐鸟

不同的多肉有不同的可爱之处，肥厚或者纤细，都有无数的拥趸

气生根（aerial roots）

由地上部茎所长出的根，在虹之玉、梅兔耳的成年植株上经常可见。

多肉的气生根

软质叶（soft leaf）

多肉植物中柔嫩多汁、很容易被折断或为病虫所害的有些种类的叶片，一般称其为软质叶系。

玉露

硬质叶（thick leaf）

指多肉植物中一些叶片肥厚坚硬的种类。一般称其为硬质叶系，如十二卷属中的琉璃殿、条纹十二卷等。

条纹十二卷

莲座叶丛（rosette）

指紧贴地面的短茎上，辐射状丛生多叶的生长形态，其叶片排列的方式形似莲花。如景天科的石莲花属等。

玉蝶的莲座叶丛

窗（window）

许多多肉植物，如百合科的十二卷属，其叶面顶端有透明或半透明部分，称之为窗。

姬玉露的窗

叶齿（leaf-teeth）

常指多肉植物肥厚叶片边缘的肉质刺状物。常见于百合科芦荟属植物，如不夜城、不夜城锦、翡翠殿等。

不夜城

叶刺（leaf thorn）

由叶的一部分或全部转变成的刺状物，叶刺可以减少蒸腾并起到保护作用。如仙人掌科植物的刺就是叶刺。

长刺雪溪

白霜（hoar-frost）

部分多肉植物在原产地为遮蔽强烈的阳光而进化出叶表面有白霜，触碰白霜后会留下明显的痕迹。

布满白霜的雪莲

蜕皮（ecdysis）

主要是指肉锥花、生石花属等多肉植物新叶生长时吸收老叶的营养，导致老叶萎缩、干枯的现象。

蜕皮的肉锥花

老桩（old pile）

是指那些生长多年，有明显木质化主干的多肉植物老株，一般来说有秆子的就已经算得上是老桩了。

黑法师老桩

花箭（flower arrow）

一般景天科多肉植物的开花方式，从多肉主干中间部分生长出长长的花茎。

美丽莲的花箭

黑腐（black rot）

由于真菌感染，叶片、植株出现叶片腐烂、黑心等死亡现象。

出现黑腐的东云

徒长（excessive growth）

生长期时阳光不足、浇水过多，容易导致植株叶色变淡，原本矮壮的茎叶疯狂伸长的现象，叫作徒长。

白美人徒长

化水（become water）

是指由于水分过多或者潮湿造成多肉植物的叶片、根茎的腐烂、透明化，最后消失。夏季是多肉化水的高发期。

江户紫化水

瘢痕（cicatrix）

露养多肉浇水时，叶片和叶心不能沾水滴，否则阳光直射时容易在叶片上灼烧出瘢痕，影响美观。

有瘢痕的花叶寒月夜

穿裙子（wear skirt）

多肉植物由于光照不足、浇水过多或施肥过多，导致叶片下翻的状态，被形象地称为穿裙子。

晨光穿裙子

每一株可爱的多肉都是经过悉心的呵护养成的，阳光、水分，简简单单的把控一下，就能养出肥厚饱满的多肉

吸芽（absorptive bud）

又叫分蘖（niè），是植物地下茎的节上或地上茎的腋芽中产生的芽状体。如石莲花等母株旁生的小植株。

观音莲吸芽

杂交（hybridization）

使两种植物杂交以便获得具两种亲本特性的新品种的行为。例如白牡丹为石莲花属与风车属的属间杂交品种。

白牡丹

叶插（leaf cutting）

将多肉植物叶片的一部分插于基质中，促使生根，长成新的植株的一种繁殖方法。

石莲花叶插

嫁接（grafting）

把母株的茎、疣突或子球接到砧木上使其结合成为新植株的一种繁殖方法。用于嫁接的部位叫作接穗。

仙人掌嫁接

砧木（stock）

又称台木。植物嫁接繁殖时与接穗相接的植株。常用量天尺、霸王鞭作为嫁接砧木。

作为砧木的霸王鞭

砍头（behead）

对多肉的顶端进行剪切，从而促使侧芽生长的一种繁殖方式，是让多肉植物从一株变为两株，较为理想的方式。

虹之玉的砍头

晾根（air-cured root）

多肉植物发生烂根黄叶时，可将植株从土壤中取出，把根部暴露在空气中晾干，利于消灭病菌和恢复生机。

生石花晾根

上哪买

到花市、超市、花店购买多肉

优点
① 能够直接识别多肉的品种。
② 更容易买到健康、优质的多肉。

缺点
① 容易将病虫带回家。
② 价格波动大，初养者难以把握，易多花冤枉钱。

花市上琳琅满目的多肉可供选择

到网店、论坛购买多肉

优点
① 购买简单，品种齐全，足不出户就能买到多肉。
② 比价方便，价格较合理，还能与网上好友互相交流经验。

缺点
① 无法直接看到多肉，不易判断植株大小、健康等情况。
② 若买卖双方所处地域不同，多肉需要较长时间适应新环境和恢复。
③ 快递过程中，多肉很容易受伤。
④ 大部分多肉为裸根运输，入户后，新人不容易上手。

怎么挑

这样的多肉最好

月影

植株端正；叶片多而肥厚，叶色清新。

琉璃殿锦

植株健壮；叶片无缺损，无焦斑，无病虫害。

假明镜

多头的多肉植物比单头的性价比更高。

金琥

刺密集，无缺损，无病虫害；球体丰满，无老化症状。

这样的多肉谨慎买

爱染锦

生长不均

姬胧月

根茎徒长

冰莓

"穿裙子"

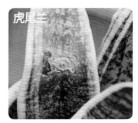

虎尾兰

患病

购买小贴士

❶春秋季购买为宜，避开冬夏季。冬夏季生长欠佳，很难买到理想的多肉。

❷一次性不要购买太多的多肉，以2~3盆为宜。经验需要慢慢积累。

❸初次购买不要买价格太高或比较珍贵的品种，否则很容易失败。

❹买回家的多肉植物都需要主人的精心呵护才能越变越漂亮。

事半功倍的小工具

小工具的选择

小型喷雾器

用于向叶面和盆器周围喷雾,增加空气湿度。同时,喷雾器也可用于喷药和喷肥。

浇水壶

推荐使用挤压式弯嘴壶,可控制水量,同时也可避免水浇到植株上留下难看的水渍印记。

小铲

用于搅拌栽培基质,换盆时铲土、脱盆、加土等。

镊子

清除枯叶,扦插多肉,也可用于清除虫卵。

刷子

用来刷去植物上的灰尘、土粒,清除植物上的虫卵。

竹签

竹签可用来测试盆土湿度。

修枝剪与小剪刀

用于剪取插条和修剪整形,以及剪取细竹竿做支撑物。

嫁接刀

繁殖工作的必需品,有时也用刀片代替。

播种压板和铜细筛

主要用于播种繁殖,压平播种土的表面,筛上一层经过消毒的细土。

选对花盆住好家

花盆的选择

塑料盆

质地轻巧、造型美观、价格便宜。透气性和渗水性较差，使用寿命短。

陶盆

由陶土焙烧而成。透气性好，不容易积水，但易破损。非常适合多肉植物栽培。

瓷盆

制作精细，常用于做套盆，但透气性和渗水性差，极易受损。适合于中型多肉植物装饰应用。

木盆

常用于制作各种异型盆器，兼具有传统或现代气息。缺点是价格高，容易腐烂损坏。

紫砂盆

又叫宜兴盆。外形美观雅致，价格昂贵，透气性和渗水性差，容易损坏。

玻璃器皿

造型别致，规格多样，不足之处是容易破损。

多肉入户通知

亲爱的多肉玩家：

　　多肉以后就是家里的一分子了，带它回家就一定要精心地照顾它，呵护它，让它蓬勃可爱地生长。在准备领取自己的多肉之前，一定要做好如下准备：

　　1. 刚买回的盆栽植株，须摆放在阳光充足的窗台或阳台，不要摆放在阳光过强或光线不足的场所。

　　2. 防止雨淋，注意水、肥、泥等不要沾污叶片。

　　3. 浇水不需多，盆土保持稍湿润即可。夏季高温干燥时不宜多浇，可向植株周围喷水降温，切忌向叶面喷水。

　　4. 少搬动，防止根系受损。

　　5. 冬季需放温暖、阳光充足处越冬。

刚进家门的多肉，做好摆放在阳光充足且有纱帘的窗台或阳台，忌阳光过强或光线不足的场所。

🪷 适应环境后的多肉养护要点

❶防止雨淋。雨水过多容易导致多肉植物徒长或腐烂。

❷注意水、肥、泥等不要沾污叶片。

❸浇水不需多，盆土保持稍湿润即可。夏季高温干燥时，大部分多肉处于半休眠或休眠状态，不宜多浇水，可向植株周围喷雾降温，切忌向叶面喷水。

❹少搬动，防止掉叶或根系受损。

❺冬季不能放置于室外露养。

❻要及时搬进温暖，光线充足处的室内越冬。

清理根，不要让虫虫伤害它

休养一段时间后，可以开始为多肉们做身体检查了。首先需要清理根系。根系健康与否会影响多肉植物整体的生长状态。多肉植物成长所需要的营养基本都是由根系输送到全株的。如果根系感染了病虫害，很快就会影响到整个植株。因此只有根系健壮了，多肉们才会健康成长起来。

清理根的过程

工具 小铲、镊子、剪刀、刷子、平浅小盘、棉球、多菌灵溶液

步骤

❶ 轻轻敲打花盆。

❷ 将镊子（或小铲）从花盆边插入，自下而上将多肉推出。

❸ 用手轻轻地将根部所有土壤去除。

❹ 用剪刀剪去所有老根、枯叶。

❺ 重点检查根系和叶片背面。若有虫子可用小刷子（或镊子）将虫子扫除。

❻ 按 1：1000 稀释多菌灵溶液。

❼ 浸泡多肉。无论有没有病虫，都最好用多菌灵浸泡，可以强健多肉们的体魄。

❽ 用棉球擦拭干净。

❾ 晾晒多肉。未经晾干就上盆的多肉容易体弱多病，最好摆放在通风良好、干燥处，避免阳光直射。

裸根多肉栽培攻略

很多时候，多肉拿到手都是裸根状态，等待我们为它准备一个"新家"。

裸根多肉栽培步骤：

❶ 刚买回来的裸根多肉不要急于栽种，先将枯萎的细根适当修剪掉，主根不能损伤。

❷ 将裸根多肉的根部和叶片放在阴凉处晾干防止腐烂。

❸ 准备稍湿润沙土。

❹ 栽种前先在花盆底部铺上一层陶粒，铺到花盆的四分之一处，有利于排水。

❺ 再在花盆里加入一些土壤，让土壤堆积成圆锥形，然后将多肉的根系散开，再填入土壤固定住根系。

❻ 刚种下去的多肉不要立刻浇水，2~3天以后浇少量水，缓苗期不要暴晒，保持通风。

网购回来裸根多肉

栽种生石花时铺上一层石子，用来固定

裸根多肉栽培注意事项：

❶ 在栽培过程中，首先把配制的栽培基质进行高温消毒、晾干、喷水，并要调节好基质的含水量。

❷ 除少数有肉质根和高大柱状的种类用深盆以外，大多数多肉植物宜用浅盆，或直接将植物摆放在基质上即可。

❸ 多肉植物上盆前须对其进行清洁，防止叶片间隐藏的虫卵。

❹ 有的小型多肉植物如生石花、肉锥花等盆栽后，在盆面铺上一层白色小石子，既可降低土温，又能支撑株体，还可提高观赏效果。

别让多肉输在土壤上

养多肉常用土壤

肥沃园土：指经过改良、施肥和精耕细作的菜园或花园中的肥沃土壤，是一种已去除杂草根、碎石子且无虫卵的，并经过打碎、过筛的微酸性土壤。

腐叶土：以落叶阔叶树林下的腐叶土最好，特别是栎树林。是由枯枝落叶和腐烂根组成的腐叶土，它具有丰富的腐殖质和良好的物理性能，有利于保肥和排水，土质疏松、偏酸性。其次是针叶树和常绿阔叶树下的叶片腐熟而成的腐叶土。也可堆积落叶，发酵腐熟而成。

培养土：培养土的形成是将一层青草、枯叶、打碎的树枝与一层普通园土堆积起来，浇入腐熟饼肥或鸡粪、猪粪等，让其发酵、腐熟后，再打碎过筛。此种土一般有较好的持水、排水能力。

泥炭土：古代湖沼地带的植物被埋藏在地下，在淹水和缺少空气的条件下，分解为不完全的特殊有机物。泥炭土呈酸性或微酸性，其吸水力强，有机质丰富，较难分解。

沙：主要是直径2~3毫米的沙粒，呈中性。沙不含任何营养物质，具有通气和透水作用。

苔藓：是一种白色、又粗又长、耐拉力强的植物性材料，具有疏松、透气和保湿性强等优点。

蛭石：是硅酸盐材料在800~1100℃下加热形成的云母状物质，通气性好、孔隙度大以及持水能力强，但长期使用容易致密，影响通气和排水效果。

珍珠岩：是天然的铝硅化合物，是由粉碎的岩浆岩加热至1000℃以上所形成的膨胀材料，具有封闭的多孔性结构。材料较轻，通气良好，质地均一，不分解，保湿、保肥效果较差，易浮于水上。

肥沃园土　　培养土　　泥炭土

沙　　苔藓　　珍珠岩

不同多肉植物的土壤配方

一般多肉植物:园土、泥炭土、粗沙、珍珠岩各1份,另加砻糠灰半份。

生石花类多肉植物:细园土1份,粗沙1份,椰糠1份,砻糠灰少许。

根比较细的多肉植物:泥炭土6份,珍珠岩2份,粗沙2份。

生长较慢、肉质根的多肉植物:粗沙6份,蛭石1份,颗粒土2份,泥炭土1份。

大戟科多肉植物:泥炭2份,蛭石1份,园土2份,细砾石3份。

小型叶多肉植物:腐叶土2份,粗沙2份,谷壳炭1份。

茎干状多肉植物:腐叶土2份,粗沙2份,壤土、谷壳炭、碎砖渣各1份。

球形强刺类仙人掌:用园土、腐叶土、沙加少量骨粉和干牛粪的混合基质。

附生类仙人掌:用腐叶土或泥炭土、沙加少量骨粉的混合基质。

柱状仙人掌:用培养土、沙和少量骨粉的混合基质。

    多肉植物的盆栽基质,一般要求疏松透气、排水要好,含适量的腐殖质,以中性土壤为宜。而少数多肉植物,如虎尾兰属、沙漠玫瑰属、千里光属、亚龙木属、十二卷属等植物需微碱性土壤,番杏科的天女属则喜欢碱性土壤。在使用所有栽培基质之前,均须严格消毒。使用时,在栽培基质上喷水,搅拌均匀,调节好基质湿度后上盆。

陶粒

腐叶土

培养土

养活、养好、养出色

阳光下的多肉是美美的

多数多肉植物在生长发育阶段均需充足的阳光,属于喜光植物。充足的阳光使茎干粗壮直立,叶片肥厚饱满有光泽,花朵鲜艳诱人。如果光照不足,植株往往生长畸形,茎干柔软下垂,叶色暗淡,刺毛变短、变细,缺乏光泽,还会影响花芽分化和开花,甚至出现落蕾落花现象。

但是对光照需求较少的冬型种、斑锦品种,以及布满白色疣点和表皮深色的品种,它们若长时间在强光下暴晒,植株表皮易变红变褐,显得没有生气。因此,稍耐阴的多肉植物,在夏季晴天中午前后要适当遮阴,以避开高温和强光。

🌼 多肉植物晒太阳表

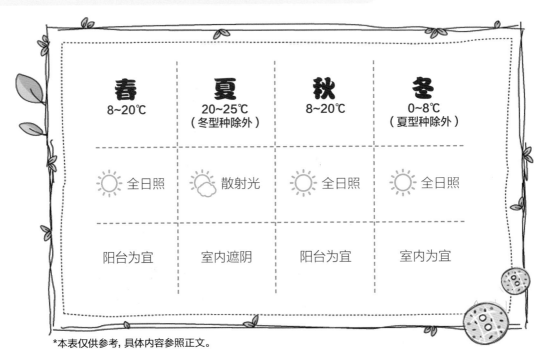

春 8~20℃	夏 20~25℃ (冬型种除外)	秋 8~20℃	冬 0~8℃ (夏型种除外)
☀ 全日照	⛅ 散射光	☀ 全日照	☀ 全日照
阳台为宜	室内遮阴	阳台为宜	室内为宜

*本表仅供参考,具体内容参照正文。

黄金浇水法则

　　大多数多肉植物生长在干旱地区，不适合潮湿的环境，但太过干燥的环境对多肉植物的生长发育也极为不利。

　　首先要了解多肉植物的生态习性和生长情况，如什么时候是生长期或快速生长期，什么时候是休眠期或生长缓慢期。一般来说，正确的浇水频度是，在3~9月生长期，每15~20天浇水1次；快速生长期每6~10天浇水1次（夏季休眠的多肉植物除外）；10月至翌年2月，气温在5~8℃时，每20~30天浇水1次（冬季休眠的多肉植物除外）。科学合理地浇水，首先要学会仔细观察和正确判断。有一些多肉植物在阳光暴晒或根部腐烂等情况下，会发生叶色暗红，叶尖及老叶干枯的现象，此时若浇水，对多肉植物不利。

　　一般情况下，浇水是气温高时多浇，气温低时少浇，阴雨天一般不浇；夏天清晨浇，冬季晴天午前浇，春秋季早晚都可浇；生长旺盛时多浇，生长缓慢时少浇，休眠期不浇。浇水的水温不宜太低或太高，以接近室内温度为准。在多肉植物生长期节浇水的同时，可以适当喷水，增加空气湿度。喷用的水必须清洁，不含任何污染或有害物质，忌用含钙、镁离子过多的硬水。冬季低温时停止喷水，以免空气中湿度过高发生冻害。

多肉植物浇水表

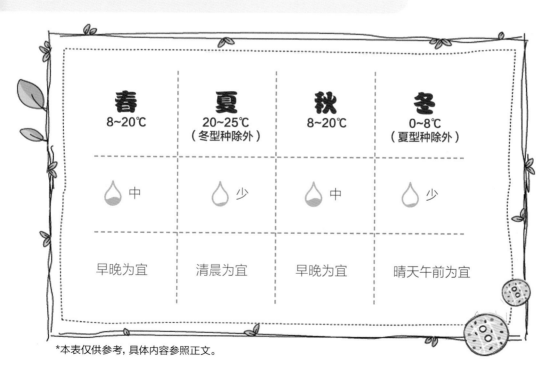

春 8~20℃	夏 20~25℃（冬型种除外）	秋 8~20℃	冬 0~8℃（夏型种除外）
中	少	中	少
早晚为宜	清晨为宜	早晚为宜	晴天午前为宜

*本表仅供参考，具体内容参照正文。

施肥助多肉茁壮成长

多肉植物常用肥料

肥料种类	组成	优点	缺点
有机肥料	各种饼肥、家禽家畜粪肥、骨粉、米糠、鱼鳞肚肥等。	肥力释放慢、肥效长、容易取得、不易引起烧根。	养分含量少、有臭味、易弄脏叶片。
无机肥	硫酸铵、尿素、硝酸铵、磷酸二氢钾、氯化钾等。	肥效快、植物容易吸收、养分高。	使用不当易伤害植株，灼烧根部。
专用肥料	"卉友"系列水溶性高效营养肥。	逐渐释放肥力，不会直接灼烧根部。	价格稍高，长期使用，植株生长体质较差。

给多肉植物合理施肥

初春是多肉植物结束休眠期转向快速生长期的过渡阶段，施肥对促进多肉植物的生长是有益的。7~8月盛夏高温期，植株处于半休眠状态，应暂停施肥。刚入秋，气温稍有回落，植株开始恢复生机，可继续施肥，直到秋末停止施肥，以免植株生长过旺，新出球体柔嫩，易遭冻害。冬季一般不施肥。

多肉植物在生长期节的施肥频度，可以每2~3周施肥1次，如沙漠玫瑰属、吊灯花属、天锦章属、莲花掌属和芦荟属等植物。大多数多肉植物为每月施肥1次；少数种类，如对叶花属为每4~6周施肥1次，马齿苋树属、厚叶草属则每6~8周施肥1次；而白粉藤属和肉锥花属，只需每年换盆、换新土即可。

多数多肉植物喜完全肥或低氮素肥，个别的如绵枣儿属喜钾素肥。施肥前，盆土应控制为干并松土。没有发酵的豆浆、牛奶、鱼虾之类禁止施用。

用小勺轻轻的将复合肥施放在盆土边缘
离植株过近，易引起烧根

保卫多肉，远离病虫害

多肉植物主要在室内栽培观赏，所以对病虫害的防治相对来说容易控制。不过长期室内栽培，在高温干燥、通风不畅的情况下，也会出现一些常见病虫和多发病虫。

红蜘蛛： 该虫以口器吮吸幼嫩茎叶的汁液，被害茎叶出现黄褐色斑痕或枯黄脱落，产生的斑痕永留不褪。发生虫害后加强通风、进行降温措施，可用40%三氯杀螨醇乳油1000~1500倍液喷杀。

介壳虫： 该虫吸食茎叶汁液，导致植株生长不良，严重时出现枯萎死亡。危害时除用毛刷驱除外，可用速扑杀乳剂800~1000倍液喷杀。

蚜虫： 多数危害景天科和菊科的多肉植物，常吮吸植株幼嫩部分的汁液，引起株体生长衰弱，其分泌物还招引蚁类的侵害。危害初期用80%敌敌畏乳油1500倍液喷洒。

白粉虱： 是仙人掌最讨厌的害虫，会布满茎或叶状茎的表面，造成植株发黄、枯萎、茎节脱落，并诱发煤烟病。可用25%亚胺硫磷乳油800倍液或40%速扑杀乳剂2000倍液喷杀。

腐烂病： 多肉植物植株出现伤口时会感染的真菌性病害。病菌大量繁殖时，会导致植株成批死亡。定期检查植株是否存在伤口，换盆过程中也要注意及时将腐根剪除。

锈病： 常见于大戟科的多肉植物，其茎干的表皮上出现大块锈褐色病斑，并从茎基部向上扩展，严重时茎部布满病斑。可用12.5%烯唑醇可湿性粉剂2000~3000倍液喷洒。

炭疽病： 是危害多肉植物的重要病害，属真菌性病害。高温多湿的梅雨季节，染病植株的茎部会产生淡褐色的水渍性病斑，并逐步扩展腐烂。首先要开窗通风，降低室内的空气温度和湿度，再用70%甲基硫菌灵可湿性粉剂1000倍液喷洒，防止病害继续蔓延。

生理性病害： 若因栽培环境恶劣，如强光暴晒、光照严重不足、突发性低温和长期缺水等因素，造成茎、叶表皮发生灼伤、褐化、生长点徒长、部分组织冻伤、顶端萎缩枯萎等病害，最根本的措施是改善栽培条件。

"花样爷爷"的多肉笔记

繁殖，成为多肉大户

多肉植物可以分为三种，夏型种、冬型种和中间型种。夏型种生长期是春季至秋季，冬季低温时呈休眠状态；冬型种生长期节从秋季至翌年春季，夏季高温时休眠；而中间型种生长期主要在春季和秋季。由此可见，春秋季是大部分多肉植物的生长期节。此时的气温、阳光适合大部分多肉植物的生长。因此选择在春季和秋季对多肉植物进行繁殖，成活率最高。

而在夏季和冬季，由于温度过高或过低，多数多肉植物进入休眠和半休眠期，生长缓慢，甚至停止，此时繁殖多肉，成活率极低。多肉植物采用的繁殖方法主要有分株、叶插、播种、砍头。

分株

分株是繁殖多肉植物中最简便、最安全的方法。只要具有莲座叶丛或群生状的多肉植物都可以通过吸芽、走茎、鳞茎、块茎和小植株进行分株繁殖，如常见的龙舌兰科、凤梨科、百合科、大戟科、萝藦科等多肉植物。

分株过程

工具　铲子、镊子、刷子、装有土壤的小花盆

步骤

❶ 选择需要分株的健康多肉植物。

❷ 选择合适的位置，将母株周围旁生的幼株小心掰开。一般春季结合换盆进行。

❸ 摆正幼株的位置，一边加土，一边轻提幼株。

❹ 土加至离盆口2厘米处为止。（栽种好后，也可将母株一同栽入。）

❺ 用刷子清理盆边泥土，然后放半阴处养护，分株成功，静待多肉恢复。

分株小贴士

❶ 若秋季进行分株繁殖，要注意分株植物的安全越冬。

❷ 进行分株的幼株最好选择健壮、饱满的，成活率较高。

❸ 若幼株带根少或无根，可先插于沙床，生根后再盆栽。

❹ 斑锦品种的多肉，如不夜城锦、玉扇锦等，必须通过分株繁殖，才能保持其品种的纯正。

叶插

在多肉植物中应用十分普遍。百合科的沙鱼掌属、十二卷属，菊科的千里光属，龙舌兰科的虎尾兰属等多肉植物的叶片都可以通过叶插大量繁殖种苗。

叶插过程

工具　剪刀、沙床

步骤

❶ 选取多肉上健康、饱满的叶片。

❷ 用剪刀切下整片叶片，切口要平滑、整齐。也可以直接用手轻轻掰下叶片。

❸ 平躺放在准备好沙床上，叶片间相距2~3厘米。

❹ 叶片切口不要弄脏，摆放通风处2~3天，晾干。

⑤ 待叶片晾干后移至半阴处养护。

⑥ 2~3周后生根，或从叶基处长出不定芽。

⑦ 叶插成功。

脱落的乙女心叶子也可以叶插

叶插小贴士

❶ 叶片应摆放在稍湿润的沙台或疏松的土面或沙床上。

❷ 不要浇水，干燥时可向空气周围喷雾。

❸ 同科属的多肉，叶片摆放方式也会有所不同。如景天科叶片平放，十二卷属叶片斜插，虎尾兰可剪成小段直插。

❹ 生根和长出不定芽的先后顺序，每种多肉会有所不同。

❺ 随着不定芽的成长，需要增加日照时间，并适当浇水。

播种

多肉植物中许多种类的果实都是浆果,成熟后必须把果实洗净,否则会影响种子正常发芽。然后把干燥后的种子用干净的纸袋或深色小玻璃瓶保存,放冷凉干燥处。许多多肉植物待种子成熟后采下即可播种,也可贮藏至翌年春播。

播种过程

工具　培养皿、浇水壶、竹签、喷壶、纱布、装有土壤的育苗盒

步骤

❶ 在培养皿或瓷盘内垫入2~3层滤纸或消毒纱布。

❷ 注入适量蒸馏水或凉开水。

❸ 种子均匀点播在内垫物上进行催芽,约需要15天。

❹ 将成熟种子点播在盆器中。

❺ 摆放在阳光充足处, 但需避开强光暴晒。

❻ 早晚喷雾, 保持盆土湿润。

❼ 静待一段时间后, 长出新发芽的幼苗。

❽ 待幼株长成后, 可将其单株移入盆中栽培, 更有利于植株生长。

播种小贴士

❶ 较软的和发芽容易的种子, 不需要经过催芽, 可直接盆播。

❷ 播种的发芽适温一般在 15~25℃。

❸ 播种土壤以培养土最好, 或用腐叶土或泥炭土 1 份加细沙 1 份均匀拌和, 并经高温消毒的土壤。

❹ 幼苗生长过程中, 用喷雾湿润土面时, 喷雾压力不宜大, 水质必须干净清洁, 以免受污染或长青苔, 影响幼苗生长。

砍头

砍头的繁殖方法，是让多肉植物从一株变为两株，从单头植株变为多头植株较为理想的方式。

砍头过程

工具 剪刀、装有土壤的小花盆

步骤

❶ 选择需要砍头的健壮多肉植物。

❷ 选择恰当的位置剪切，剪口平滑。

❸ 将剪下的部分摆放在干燥处，伤口不要弄脏。

❹ 将剪下的部分摆放在通风处，等待伤口收敛。

⑤ 伤口收敛后，将剪下的部分埋进另一盆土中养护。

⑥ 将两盆多肉摆放在明亮光照处恢复。

⑦ 20~30天，母株茎干侧面长出新芽。

⑧ 砍头成功，一株变成两株。

砍头小贴士

❶ 叶片紧凑的多肉植物，可从其由下及上三分之一处剪切。

❷ 剪切所用的剪刀或小刀最好选择较为锋利的，以利于迅速剪切，剪口平滑。

❸ 剪切后，多肉植物有伤口的一面切忌碰触沙土、水，一旦沾染上，需要立即用纸巾擦拭干净。

❹ 多肉植物生根的过程中，切忌强光直射。

❺ 从侧面长出新芽后，需要增加光照，适量增加浇水，保持盆土稍湿润即可。

南方 PK 北方，多肉要个性养护

中国地域辽阔，南北方气候差异较大，生活习惯也有所不同，因此即使相同的多肉养护在室内，北方和南方也需要不同的养护方法，特别是度夏和越冬的时候，其养护的注意点会有所区别。

北方

相比较而言，北方比南方更适合多肉植物的生长。

夏季是多肉植物比较难以度过的季节。若超过35℃，大部分多肉植物都会进入休眠状态。不少多肉在夏季的休眠中，一不小心就会悄悄"仙去"。

一般情况下，北方的夏季较南方温度低，昼夜温差较南方稍大，且高温持续时间较南方短得多。对于多肉植物来说，这样的环境更为适宜。如若多肉植物是生长在临近海边的北方城市，甚至可以直接越过夏季的休眠，继续生长。

因此多肉植物在北方度夏的时候，仅需减少浇水，通常不需要断水。一般中午至下午最热的时候遮阴即可，其他时间无须特意遮阴。

北方冬季虽然较南方寒冷得多，但是室内有暖气，可以保持室温在20℃以上，因此多数多肉植物都可以继续缓慢生长，能够帮助多肉植物顺利过冬，不用担心冻伤，但是姿态不会太好，容易徒长、颜色变绿等。

北方冬季在室内的多肉正常生长，仍要进行必要养护

北方八千代过冬后易徒长，形态过长，姿态不佳

夏季向白鸟周边喷雾,增加空气湿度,不能直接用水浇淋

夏季要适当遮阴,避免阳光直射对植物体造成灼伤

🪷 南方

南方最让人头疼的是梅雨季节,有时一连下雨数天,多肉植物既晒不到太阳,又容易盆土积水。尤其是在夏天,再加上高温,很容易发生闷湿情况,导致多肉植物"仙去"。

因此在多雨、高温的时节里,应特别注意多肉植物的浇水和通风情况。将多肉盆栽摆放在通风良好的场所,可以考虑摆放在阳台上露养些许时间,但一定要做好防雨措施。

不过无论是在室内养护还是露养,都必须减少浇水,甚至断水,以保持盆土干燥,切忌盆中积水。如果断水的过程中,空气过于干燥,可以适度的向植株周围喷雾,以增加空气湿度。浇水和喷雾都尽量在傍晚太阳下山后进行。

此外,南方夏季的阳光一般都很强烈,遮阴工作必不可少,且需要遮阴的时间较长。

南方的冬季比较阴冷,湿度大,又无很好的取暖设备,此时,必须将多肉搬入室内养护,摆放在阳光充足的场所。同时减少浇水,如有必要可以考虑断水,保持盆土干燥。

如果室内的温度也无法保持在0℃以上,可以考虑在盆器外套上塑料袋,或者在小型的多肉植物上盖上塑料杯保持温度,每天中午打开塑料袋或塑料杯通风即可。

夏季可利用风扇降温,加强通风

冬季可利用塑料盖子保温,中午时打开盖子通风即可

换盆 OR 组合，这都是一回事

换盆和组合其实都是帮助萌肉们搬入新的家。在这个过程中，既要选择合适的季节进行，又要注意操作前后的养护。

多肉换盆

多肉植物原产地范围广，生长周期也有很大差别。

一般"夏型种"多肉，如大戟科的麻风树属、大戟属，龙舌兰科，龙树科和夹竹桃科等，生长期为春季至秋季，夏季能正常生长，这类植物在春季3月份换盆最好。

而生长期节为秋季至翌年春季，夏季明显休眠的多肉植物，即"冬型种"，如番杏科的大部分种类，景天科的青锁龙属、银波锦属、瓦松属的部分种类等，它们宜在秋季9月份换盆。

其他多肉植物的生长期主要在春季和秋季，夏季高温时，生长稍有停滞，这类多肉植物也以春季换盆为宜。

因此，带多肉回家的季节最好选择春秋季，这样可以及时换盆，有益萌肉们的身体健康。

一般情况下，栽培一年后，盆中养分趋向耗尽，土壤也会变得板结，透气和透水性差，多肉植物的根系又充塞盆内，急需改善根部的栽培环境。一般多肉植物是在每年春季4~5月之间，气温达到15℃左右时，换盆最佳。而一些大戟科、萝藦科的萌肉们，本身根很粗又很少，可以2~3年或更长时间换盆1次，换盆时不须剪根、晾根，尽量少伤根，换盆后立即浇水，放半阴处养护。

刚刚换盆的多肉植物容易出现茎节变软或不停掉叶子的现象。一般是由于在移盆的过程中，多肉植物的根系难免会受到伤害，而导致根系不能正常吸收水分。进入新盆后，多肉植物需要经历1~2周缓根的过程才能恢复正常。在此过程中，不要多浇水，平日里喷喷雾即可，以增加周围的空气湿度。

给多肉植物换盆时，首先，选好适合的盆器和土壤；其次，在将多肉植物种入盆中的过程中，一边加土，一边轻提多肉植物，土加至离盆口2厘米处即可；最后，可以用一些小石子铺面。

雅乐之舞根系已经长出盆孔时，要及时换盆

组合多肉

组合萌肉是一种当前比较流行的盆栽方式，用草本花卉、球根花卉、观叶植物等。只要多品种的苗株组栽在一起即可，三株，五株，或者十几株，甚至用几十株组合在一起，形成一件有观赏价值的作品。多肉植物的组合盆栽也正在热起来，它操作起来更方便，欣赏的时间也更长，养护起来容易，像玩"魔方"一样，想怎么玩都可以，这是萌肉组合的最大优势。组合的过程和换盆的过程差别不大。

组合过程

工具　小铲、刷子

步骤

① 在盆器中装好适量土壤备用。

② 选取合适多肉，种入盆土中，摆正多肉植物的位置。添土整理。

③ 所有萌肉种完后，铺上一层白色或彩色的小石子，既可降低土温，又能支撑株体，还可提高观赏效果。

④ 用刷子清理多肉表面和盆边泥土。

⑤ 组合完成，放半阴处养护。

组合小贴士

选好多肉，再组合。在选用多肉种类时，除了考虑层次感、艺术感外，尽量选用需水量和日照较为一致的多肉品种，这样养护起来比较方便。

经验谈！
新人养肉有疑惑怎么办

1.多肉叶子干枯可以浇水吗？

有些多肉种类叶色发暗红，叶尖及老叶干枯，有人认为是植株的缺水现象。其实多肉植物在阳光暴晒或根部腐烂等情况下也会发生上述现象，此时若浇水对多肉植物不利。因此，浇水前首先要学会仔细观察和正确判断。一般情况下，气温高时多浇水，气温低时少浇，阴雨天一般不浇。

底下的叶片干枯了，很有可能是根部出了问题

2.多肉生长缓慢怎么办？

大部分多肉植物生长缓慢是由于光线不足导致的，但很多多肉本身生长比较缓慢，比如棒叶花属、肉锥花属、肉黄菊属、长生草属等。还有部分品种在特定环境下生长缓慢，比如纪之川在冬季虽然依然保持生长，但是生长缓慢。

水泡生长缓慢，不要急，等它们慢慢长大

3.多肉徒长怎么办？

一般多肉徒长是由于光线不足导致的，但这也不是多肉徒长的全部原因，比如十二卷属植株过湿，茎叶会徒长；景天属、青锁龙属、长生草属、千里光属等植株施肥过多，也会导致徒长；还有比如石莲花属的部分品种，盆土过湿，施肥过多，同样会引起茎叶徒长。在日常养护中要将多肉植物放置于阳光充足的位置，保持盆土干燥，尽量少施肥，才能避免茎叶徒长。对于已经徒长的植株，可以进行砍头繁殖的方式重新生长。

原本萌萌的达摩福娘，徒长后变得不可爱了

4.多肉表面柔软干瘪怎么办?

一般来说由于供水和光线都不足,会导致多肉表面柔软干瘪,但如果给足了阳光和水分,多肉还是柔软干瘪,那就要看看是不是根部出现了问题。在干燥环境下的无根多肉,其叶片也同样会柔软干瘪,一般来说对其叶面喷雾就可以了。

5.多肉叶片上有瘢痕怎么办?

主要的原因是浇水多了,或者有水滴停留在了多肉身上。多肉一旦留下瘢痕是无法恢复的,只能等待多肉自己更新换叶。

光线不足导致玉绿叶片干瘪,但还有恢复的希望

6.多肉掉叶子怎么办?

有的多肉由于叶柄比较小,而叶片肉肉圆圆的,故而一碰就容易掉叶,比如绿龟之卵、虹之玉。不用担心,尤其像虹之玉,它的生命力非常顽强,掉下来的叶子也会生根发芽。但有时候多肉掉叶子就有可能是根部出现了问题。根部出现问题的多肉,一般叶片会萎缩而导致脱落,这种情况下修剪根部是最好的办法。

特别容易掉叶子的虹之玉,可以利用掉叶进行叶插

7.如何让多肉保持亮丽色彩?

大部分多肉都是会变色的,这主要是由光照的强度和温度变化导致的。阳光充足时,多肉叶色会变得鲜艳,而长期晒不到阳光,就会叶色暗淡。此外,在秋天温度变化较大时,多肉会变色,而长期处于室内的多肉是不太容易变色的。

多进行阳光浴,叶色更好看

8."砍头"后的多肉如何生根?

将砍下的多肉反过来晾干,一般软质多肉植物晾一周左右,硬质多肉植物晾2~3天即可。准备稍湿润沙土,将头放在沙土上。等待生根的多肉只要喷雾即可,可根据具体的天气情况调节喷雾量,如梅雨季可不喷雾,而空气较干燥的环境则加喷1次。一般来说,软质多肉植物一周喷雾1次,硬质多肉植物2~3天喷雾1次。

砍头的多肉要晒太阳,待伤口愈合

9.哪种多肉开花后会死?怎么让它不开花?

比较常见的科属有龙舌兰属等多肉植物。龙舌兰属的植物,老的母株开花后就会萎缩死亡,只要将花茎剪掉,就会阻止开花。不过母株死亡后,在两旁会长出新的小株,这是植株一种自然的更新。现在市面上比较流行的景天科、番杏科等多肉植物,一般不会发生开花后死亡的情况。

10. 多肉上的白粉能擦掉吗？

有些多肉叶片上布有白粉，这些白粉只生一次，是不能用手碰的。如雪莲、厚叶草等多肉植物，其观赏性就在于多肉上的白粉，一旦被手抹掉或是被水冲洗掉，就不能再出现了，削弱了观赏价值。在平日养护时，可以戴手套或者用镊子完成，以最大程度上保持多肉的美观与完整性。

一定不能触碰雪莲的叶子，会留下难看的痕迹

11. 种多肉要用的盆一定要有孔吗？

多肉生命力顽强，对容器的要求并不高，所以多肉的容器可以多种多样。但要注意的是，在没有孔的容器中，多肉的浇水量一定不能多。因为多肉本身的需水量就不高，在没有孔的容器中，水分既漏不出来，又蒸发不多，水浇多了极易伤害多肉。

12. 如何判断多肉是"仙去"还是休眠？

大部分多肉植物在夏季或者冬季时都需经历休眠或半休眠期，这一阶段多肉植物大多会叶片脱落、褶皱，状态不佳。而真正"仙去"的多肉，必须是完全萎缩的多肉。只要还有一点没有萎缩就有一线生机，这时需要减少浇水，适当遮阴，或摆放在温暖的地方。等休眠期过后，多肉植物就能恢复良好状态。

推荐新品植物：
苔藓、空气凤梨

🪷 苔藓

属于最低等的高等植物。植物无花,无种子,以孢子繁殖。
在全世界约有23,000种苔藓植物,中国约有2800多种。
与其他植物一样,不同种类的苔藓植物,其生长环境也
不尽相同,但是大多数苔藓植物都有一个共性:喜阴喜湿,
当然也有很多不怕阳光的苔藓植物。

大灰藓

养护

苔藓生存力强,摆放在阴凉处,事先给足水分,最长可支撑10天左右。平
时摆放位置要避开室内空调直接吹到的地方,摆放在通风良好处。苔藓
喜阴,但每4~5天要将苔藓放置在阳台上接受微弱的阳光照射,最好是
在早上或傍晚时的阳光。苔藓植物不是通过根系吸收养分,平时没有必
要给苔藓施肥,施肥过度反而使得苔藓枯萎。在和其他植物组合盆栽时
要注意先将花肥稀释过后再使用。

🌸 空气凤梨

凤梨科铁兰属，空气凤梨品种繁多，登记记录园艺种多达585种。这是地球上唯一完全生于空气中的植物，不用泥土即可生长茂盛，并能绽放出鲜艳的花朵。植株呈莲座状、筒状、线状或辐射状，叶片有披针形、线形，直立、弯曲或先端卷曲。叶色除绿色外，还有灰白、蓝灰等色，有些品种的叶片在阳光充足的条件下，叶色还会呈美丽的红色。

老人须

养护

空气凤梨不需要土壤和水，平时养护只要喷水就可以成长，每周喷水2~3次，空气干燥时每天喷水1次，喷至叶面全湿即可，叶心不能积水。同时要注意环境通风，喷水后不及时通风容易造成空气凤梨闷芯，严重时植株会腐烂死亡。每天提供8小时日照就可以满足植株的生长需求，不同的品种对光照有不同的特殊要求，但都不能强光长期直射，夏季要遮阴处理。

短茎铁兰

用于壁饰的空气凤梨，多像一幅会呼吸的壁画

全书多肉拼音索引

R

S

T

W

X

图书在版编目（CIP）数据

多肉肉多：手绘升级版 / 王意成编著 . -- 南京：江苏凤凰科学技术出版社，2018.1
（汉竹·健康爱家系列）
ISBN 978-7-5537-5642-4

Ⅰ. ①多… Ⅱ. ①王… Ⅲ. ①多浆植物－观赏园艺
Ⅳ. ① S682.33

中国版本图书馆 CIP 数据核字 (2017) 第 219513 号

中国健康生活图书实力品牌

多肉肉多（手绘升级版）

编　　　著	王意成
主　　　编	汉　竹
责 任 编 辑	刘玉锋　张晓凤
特 邀 编 辑	徐珊珊　吴晓晨　张　力
责 任 校 对	郝慧华
责 任 监 制	曹叶平　方　晨

出 版 发 行	江苏凤凰科学技术出版社
出版社地址	南京市湖南路 1 号 A 楼，邮编：210009
出版社网址	http://www.pspress.cn
印　　　刷	南京新世纪联盟印务有限公司

开　　　本	787 mm×1 092 mm　1/16
印　　　张	15
字　　　数	200 000
版　　　次	2018 年 1 月第 1 版
印　　　次	2018 年 1 月第 1 次印刷

标 准 书 号	ISBN 978-7-5537-5642-4
定　　　价	49.80 元（赠送萌肉手绘书签）

图书如有印装质量问题，可向我社出版科调换。